『我想去寻找动物！』

——你是否产生过这样的冲动呢？

前　言

我们有时可能会突然生出"想去寻找动物"的念头，但目标动物可不是那么轻易就能找到的。有些动物仅在夜晚可见，有些动物仅在夏季可见，也有些动物仅能在特定的地点看到。可以说每种动物都有其特定的时间、季节和地点的限制。

此外，即使我们借助图鉴或互联网查阅到了目标动物的活动时间和地点，仅凭这些信息也并不足以找到它们。有些动物需要依靠其鸣叫声来搜寻，有些动物需要循着它们的踪迹开始找起，而有些动物的戒备心很强，不会在人前露面。要想找到目标动物，我们不仅需要收集信息，还必须动用触觉、嗅觉、听觉等感知能力，充分发挥人类所有的感官功能。

每个人的心中都潜藏着"探索动物"的渴望，但将这种强烈的"冲动"付诸行动，却有着出乎意料的困难。

然而在我看来，我们作为成年人，有责任向孩子们展示寻找动物的乐趣及其中的挑战，让他们体验万物生长的自然之美。

为了探索动物们的栖息地，寻觅它们的踪迹，让我们最大限度地动用我们的能力、锻炼我们的感官、活跃我们的大脑吧！

这可不是一场纸上谈兵的探索游戏，而是为了重拾人类感官而展开的一场大冒险！

动物摄影师　松桥利光

如何使用本书

这是一本教你寻找动物的专业书，汇集了各个动物相关领域"专业人士"的思考与过往的实践经验，最终凝练成了这本《你没想过的小动物系列：去哪里寻找它们？》。

由于无法刊载所有的动物，内容可能会稍有偏重，但本书所介绍的方法适用于各类情况，大家可以各取所需哦！

如果你从来没有尝试过
寻找动物……

首先请将本书整体通读一遍。接下来，在你感兴趣的、想寻找的动物页面上贴上便签，然后反复阅读，并试着在脑海中模拟一下整个过程。下一步是前往当地的自然公园和宠物店等场所，或者利用图鉴和互联网等工具调查你的活动范围内是否有可以观察到该动物的地方。最后，前往那些地方去寻找动物吧！建议你在背包里装上这本书，如果在探索的过程中遇到困惑或障碍，可以随时翻阅哦！

如果你在小时候很擅长
寻找动物……

同样，第一步仍然是请你把这本书通读一遍。一边阅读，一边思考一下小时候用过的那些方法与本书上记载的方法有什么不同。在这个过程中，也许你或多或少会对这本书的内容产生共鸣。至于其他一些你从未发现过的动物，便请按照本书所介绍的方法付诸实践。如果你能将自身的经验和本书的内容结合起来，相信你可以成为最强的"动物探索家"！

如果你为了寻找动物，
已探访了许多地方……

哎呀，先少安毋躁嘛！依然请你把这本书从头到尾读一遍，然后分析一下哪些内容是你认同的，哪些是你无法认同的，最后一定要推导出你认为正确的寻找方法，再把这方法传授给你身边的孩子们。如果这能让更多的孩子体会到寻找动物的乐趣，并由此唤醒他们对自然和动物的珍爱之情，岂不是很棒！

长靴　鞋底比外观更重要！

普通长靴

无论是在水中还是在森林中都适用的万能类型。鞋底采用了辐射状（适合泥泞地）的设计。

用于林地的长靴

在森林的斜坡上行走时，建议选择带有鞋钉的鞋底。用于林地的长靴具有耐刺穿和耐切割的性能，一定程度上可以防止被毒蛇咬伤。

用于溪流的长靴

行走在溪流附近等长有苔藓、表面滑溜的岩石上时，建议选择毡底的长靴或者胶皮连脚裤。

各式各样的工具

寻找动物并不需要什么特别的工具，但在开始之前，还是让我们来看一看专业人士会使用哪些工具吧！

手电筒

寻找海龟的必备工具！

能够照亮远处的强光手电筒在各种场合都非常有用，但在观察海龟或果蝠等动物时，建议光线不要过强，并在手电筒上遮盖红色滤光片来使用。

覆盖红色滤光片

双筒望远镜

其实没有也无妨

虽然双筒望远镜在观察无法肉眼辨识的远处物体时很有帮助，但本书的专业人士们更倾向于尽可能用肉眼观察，所以并不常用望远镜……

传感器相机

功能强大的助手

传感器相机是一种能够通过感应器触发快门的数字相机，对拍摄警惕性较高的动物或夜行性动物非常有用。

塑料箱

专业人士的必备之物

可以替代潜水镜，用于观察水中的动物，也可以用来把动物带回家，建议外出探索时带上一个。

手套

裸露双手是很危险的

这种手套具有很强的耐切割特性，连小刀也能握住，可以在进行翻转岩石等操作时保护双手。

毒液吸取器

以防万一！

一旦被毒蛇等动物咬伤，可有效保护生命安全。

蝙蝠探测器

识别蝙蝠的利器

这是一种可以检测蝙蝠发出的超声波的装置。通过捕捉蝙蝠发出的特定频率的声波，还可以大致确定蝙蝠的种类呢！

1 水边或草丛中常见的动物

鼠妇
只要翻个面,"那家伙"就在那里 ———— 2

地蛛
细长的巢穴是它的标志 ———— 4

凤蝶幼虫
在虫子咬过的柑橘树上 ———— 6

溪蟹
在微微潮湿的石头下面? ———— 8

克氏原螯虾(小龙虾)
风靡各国的食材 ———— 10

云雀
看起来与地面融为一体了呀! ———— 11

翠鸟
果然如"翡翠"一样美丽 ———— 12

蝌蚪虾与丰年虾
在稻田里聚集哟! ———— 14

雨蛙
蛙如其名,喜爱雨天 ———— 16

草蜥与蓝尾石龙子
草蜥并不是普通的蜥蜴 ———— 18

螽斯(蝈蝈)
叫声是"咿,咿,咿,咻" ———— 20

中华剑角蝗
扇动翅膀时会发出"咔哧咔哧"的声音 ———— 21

东亚飞蝗
弹跳力超强,所以很难抓到 ———— 22

鬼蜻蜓
会靠近旋转的物体哦! ———— 24

2 公园里的动物

独角仙与锹形虫
会被甜甜的味道吸引 —————— 28

蝙蝠
不是用翅膀，而是用"大手"飞翔 —————— 30

鼯鼠
它们其实就生活在我们身边 —————— 34

日本锦蛇
在公园里也有，小心被咬 —————— 36

银喉长尾山雀
圆圆的可爱小鸟 —————— 38

猫头鹰
模仿它的叫声，它就会靠近你哦 —————— 40

貉
三个探索小提示 —————— 44
　　　　　实录！传感相机拍到的画面————— 46

猕猴
墓地和公园里有很多 —————— 48

白眉姬鹟
悦耳的鸣声，漂亮的颜色 —————— 50

蟾蜍
可真大呀！还会从背部释放毒素呢！ —————— 52

绿叶树蛙
它们的吸盘一旦吸住就不会松开，真厉害！ ——— 54

寻找动物之旅
杂七杂八的外国动物 —————— 56

迷彩箭毒蛙/杰克森变色龙/眼镜猴/松果石龙子/
西部蓝舌蜥/虹彩吸蜜鹦鹉/粉红凤头鹦鹉/
短尾矮袋熊/长颈龟/巨人树蛙

3 海洋动物

水母
看起来就像个塑料袋 —————— 68

海马
出乎意料地帅气 —————— 70

薛氏海龙与带纹须海龙
太细了，很容易漏掉 —————— 71

在海草场还可以看到这些动物 —————— 72

屈腹七腕虾/玄妙微鳍乌贼/
小绵鳚鱼苗/粗皮鲀

章鱼
特点是非常聪明 —————— 74

在海边水洼里还可以寻找到这些动物 —————— 76
- 翻转岩石有这些动物
- 退潮时水花四溅的海边有这些动物
- 海藻丛生的地方有这些动物
- 退潮后的水洼里有这些动物

螃蟹
它们的巢穴在靠近海边的树林里 —————— 80

4 琉球群岛的动物

奄美石川蛙
突然从洞穴中冒出来 —————— *84*

黄绿原矛头蝮
危险！很有可能在夜路上遇到 —————— *86*

奄美短耳兔
探索小提示："新鲜的粪便"和足迹 —————— *88*

琉球丘鹬
虽然是保护动物，但却很笨拙 —————— *90*

琉球松鸦
"嘎嘎"的叫声真是太吵了 —————— *92*

琉球攀蜥
攀蜥攀蜥，也就是攀在树上的蜥蜴 —————— *94*

巨鞭蝎
会发出独特的气味 —————— *96*

海龟
还能看到著名的"海龟产卵"哦！ —————— *98*

其他稀有动物 —————— *100*
八重山蝎/蛇雕/八重山狐蝠/菊里后棱蛇/
久米睑虎/德干弓趾虎/黄缘闭壳龟/
先岛草蜥/黑眉锦蛇/鳗鲡/壁虎/瘤竹节虫

结语 —————— *109*

动物摄影师

松桥 是这样寻找动物的！

　　为了将各种各样的动物拍摄下来，我每天都在大自然中漫步，探索动物的踪迹。

　　动物们一个个都是"隐身高手"。

　　要想找到它们，必须控制自己发出的脚步声和气息，利用关节和身体的核心力量，以少发出声响。

　　除了控制呼吸和上半身的动作以外，有时甚至连情绪也不能表露出来。

　　只要时刻牢记这些要点并付诸行动，那么，就算是踩在落叶上，也能将脚步声降至最低。这时即使目标动物突然现身，也能保持相对冷静。

　　比起大大咧咧或是一惊一乍，照我这样做，发现动物的概率会更大。

　　下面我将从隐藏的位置、出现的时间和季节、阳光照射的方向、风力的强度等角度出发，为大家推荐一些寻找动物的方法！

常见的动物 水边或草丛中 ①

松桥利光 简介

原从事水族馆工作，后转行成为一名动物摄影师。拍摄水边的野生动物、水族馆和动物园中的动物，以及一些不常见的宠物等，主要致力于制作儿童图书。

鼠妇

只要翻个面，"那家伙"就在那里

小·档案

体长 约1厘米
在寒冬以外的季节里更容易发现。
常见于庭院的是"普通鼠妇"，栖息于海边的则是"海水鼠妇"。

在花盆下面找到了！

在这里！

如果看到我仰面朝上，麻烦帮我翻个身。

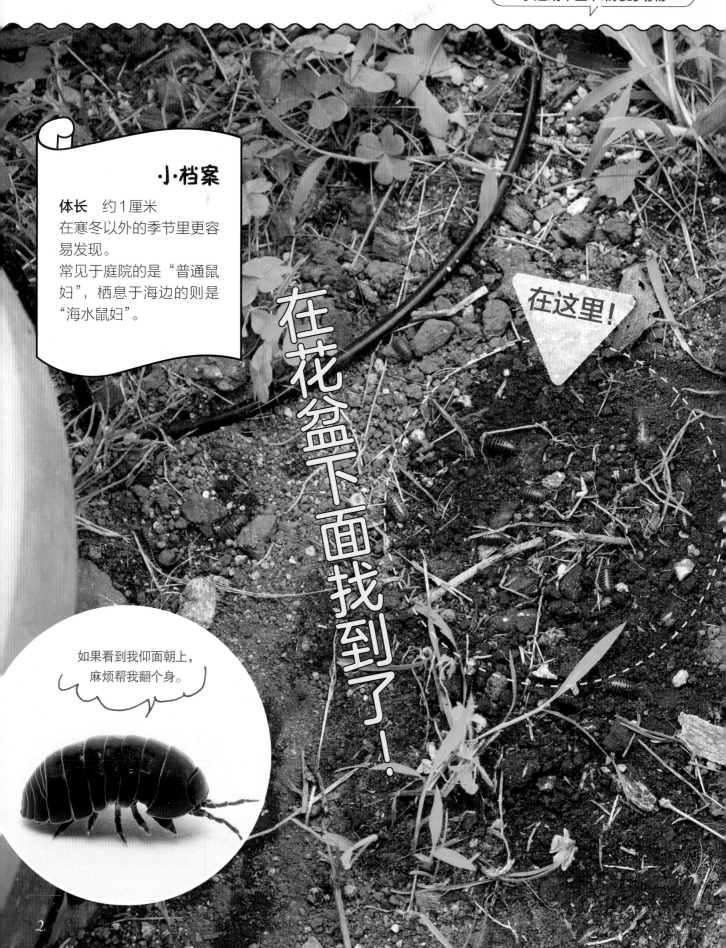

2

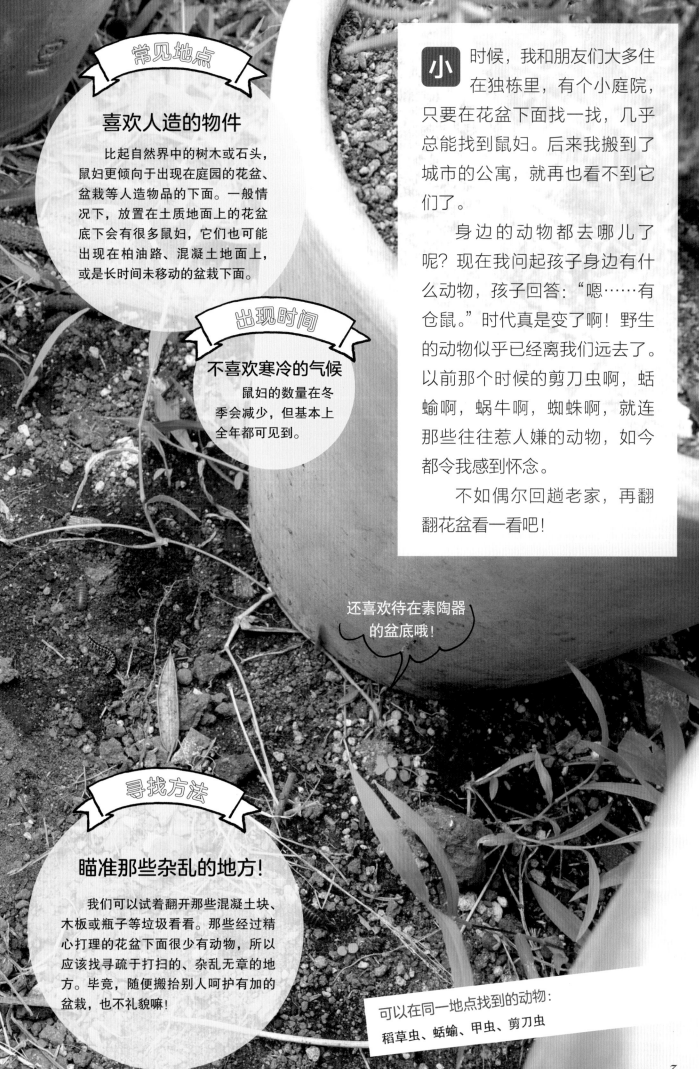

喜欢人造的物件

比起自然界中的树木或石头，鼠妇更倾向于出现在庭园的花盆、盆栽等人造物品的下面。一般情况下，放置在土质地面上的花盆底下会有很多鼠妇，它们也可能出现在柏油路、混凝土地面上，或是长时间未移动的盆栽下面。

不喜欢寒冷的气候

鼠妇的数量在冬季会减少，但基本上全年都可见到。

瞄准那些杂乱的地方！

我们可以试着翻开那些混凝土块、木板或瓶子等垃圾看看。那些经过精心打理的花盆下面很少有动物，所以应该找寻疏于打扫的、杂乱无章的地方。毕竟，随便搬抬别人呵护有加的盆栽，也不礼貌嘛！

小时候，我和朋友们大多住在独栋里，有个小庭院，只要在花盆下面找一找，几乎总能找到鼠妇。后来我搬到了城市的公寓，就再也看不到它们了。

身边的动物都去哪儿了呢？现在我问起孩子身边有什么动物，孩子回答："嗯……有仓鼠。"时代真是变了啊！野生的动物似乎已经离我们远去了。以前那个时候的剪刀虫啊，蛞蝓啊，蜗牛啊，蜘蛛啊，就连那些往往惹人嫌的动物，如今都令我感到怀念。

不如偶尔回趟老家，再翻翻花盆看一看吧！

还喜欢待在素陶器的盆底哦！

可以在同一地点找到的动物：
稻草虫、蛞蝓、甲虫、剪刀虫

地蛛
细长的巢穴是它的标志

拉出来的时候，
一定要缓慢、小心！

有很多个并排
的巢穴哦！

常见地点

古旧的石阶等

地蛛常出现在地面上垂直立着的混凝土墙壁、石头边缘，或是未铺设路面的地方，尤其是古旧的石阶和混凝土墙角附近。如果是一座少有人光顾的古老建筑，还有着石头砌成的台阶，那么你很可能会在这里看到它们。

寻找方法

家中死角或背阴处

如果你想在自家地盘上寻找地蛛，可以把自己家和邻居家之间的混凝土隔墙作为目标进行搜索。地蛛经常出没在阴暗处，或是平时很少有人会接触到的家中死角处。

一只大地蛛
出现了！

我们抱着玩乐的心情随随便便拔下来的细长巢穴，背后其实是地蛛经过少量的挖掘和勤勉的编织构筑而成的，这需要它长达数日的努力。

在这个身边的动物渐渐离我们愈发遥远的现代社会，还有多少人知道地蛛的存在呢？

在一场与女大学生聚餐的重要联谊会上，我没能克制住自己对动物的兴趣，尽管明知道可能会扫兴，还是提起了地蛛的话题。

不出所料，大家纷纷说"这是什么，真恶心""你在说什么啊"……但令我惊喜的是，在众多的质疑声中，却有一个女孩回应我说："啊！我小时候经常拉它们的网来玩！"

听说蜘蛛爱好者当中有很多美丽的女性，果真不假呀！有了她的意外加入，话题变得愉快热烈起来。最重要的是，我真的很开心能看到认识地蛛的女生，简直是喜出望外！

在这里！

地蛛会捕食从巢穴入口附近经过的昆虫哦！

小·档案

体长 约2厘米
基本上一年四季都能找到。

时隔几年终于找到了！

凤蝶幼虫

在虫子咬过的柑橘树上

·小·档案

体长 约5厘米
在春、夏两季更容易发现。

在家居商场找到了！

在这里！

人们有时会为了观察凤蝶的羽化过程，精心养育它们的幼虫。但即便如此，也常常会事与愿违。它们会突然不见了踪影，跑到花盆之外的地方化蛹。

我 任职小学老师时，最头疼的事情之一就是养凤蝶幼虫。

我在城市长大，连凤蝶都没见过，更何况是养它的幼虫？这可真是太为难我了。

听说如果班级里有喜欢动物的孩子，这件事就会好办很多；但如果没有这样的学生，似乎就得由我自己去寻找并把它们带到学校来了。为什么要这样呢？

要想在现代化城市中找到它们，实在是不容易啊！

花椒树

园艺店的柑橘树

柑橘树

みかん

品種名 早生温州

常见地点

家居商场的果树区域

　　寻找凤蝶幼虫的最佳季节是春、夏两季，基本都是在柑橘树或花椒树上找。但是，一方面我们不能随便踏入别人家的庭院，另一方面，很多地方会在昆虫啃食树木之前喷洒杀虫剂。所以我们可以把目标对准家居商场或绿化区里的果树，试着在这里找一找柑橘树的盆栽吧！

　　如果找到了凤蝶幼虫，只要和店员说一下，肯定是可以带回家的。不过要是只带回幼虫的话，之后给它准备食物也是个难题，所以最好把整个盆栽买下来。这样一来，我们就可以观察它们羽化成蝶的完整过程了。

找找看"有虫眼"的叶子吧！

寻找方法

也许会有凤蝶前来产卵？

　　无论是果树区还是庭院里，在柑橘树、花椒树上寻找凤蝶幼虫的方法都是一样的。我们要找的是叶子被咬食过、有虫眼的树。只要仔细搜索树干和叶子的正反两面，应该很容易就能找到大个的幼虫。如果在家居商场的盆栽里没有找到幼虫，你可以直接买下柑橘树的盆栽，放在院子里、大门前等阳光充足的地方，继续观察。凤蝶在城市还是相当常见的，所以它们有可能会前来产卵。如果想看凤蝶产卵，需要选在早上观察。要是想找到幼虫，就每天检查一下叶子上有没有啃食的痕迹吧！

虽然凤蝶会飞到各种各样的花朵上吸食花蜜，但只会在可供幼虫食用的叶子上产卵哦！

溪蟹

在微微潮湿的石头下面？

常见于漂浮着垃圾、不太干净的水渠中。

寻找方法

挨着旱地的水边！

很多人对溪蟹抱有"水生动物"的印象，所以人们往往会去河边或者水里的岩石下面寻找。但实际上，相较于浸在水里的石头，翻开之后会滴水、挨着旱地的水边岩石才是我们的目标。这可能与人们的既有印象不一样吧！

常见地点

荒废的水渠中

荒废的农田水渠中会有一些违规倾倒的垃圾、混凝土块、铁皮板等。相较于清澈的溪流，这些垃圾下面会有更多的溪蟹。如果想多抓一些，建议去脏水渠寻找；如果是和孩子一起玩耍，在河滩的石头下面也能找到。总之，可以让成年人根据情况来选择合适的地点哦！

一翻开石头，溪蟹就会把身子缩起来。

翻开河岸边微微潮湿的石头，在底部找一找吧！

啊！

阖家旅行时，我们住在一家不错的高级旅馆，晚餐的菜品里有一道油炸溪蟹。

我小时候养过溪蟹，所以抱着一丝抵触心理，讲起了自己的回忆："真少见啊！这可是正宗的日本溪蟹。我以前还在河里捉过它们呢……"没想到，儿子却问道："咦？河里有螃蟹吗？螃蟹不是应该在海里吗？"看起来仿佛对溪蟹一无所知。而且

他还一边说着"看上去好好吃呀"，一边满不在乎地把溪蟹吃掉了！我顿时感到有些受打击……

对于儿子来说，螃蟹只是一种食物吗？这九年来，我究竟教了他些什么呢？

啊，对了！等到下一次假期，我就带他去河边找溪蟹吧！

不只如此，还要一起养它们呢！

出现时间

任何时间都有哦！

在冬天，溪蟹会藏身在土壤或堆积物下面，所以相对而言不太好找，但只要仔细搜寻，全年都可以找到它们。

体型这么小巧，却好有魄力呀！

翻开河岸边微微潮湿的石头，在底部找一找吧！

小·档案

甲壳长　约3厘米
在严冬以外的季节里更容易发现。

在这里！

在超级脏的水道里找到它们了！！
生食可能导致肺部感染！如果要食用，一定要确保充分煮熟。

轻轻戳一下，就会抬起双螯威吓你。

克氏原螯虾（小龙虾）

风靡各国的食材

小龙虾生气时，会挥舞起巨大的螯，就连它自己也会摇摇摆摆失去平衡呢！

有 一天回到家时，我在门口的水桶里发现了一只小龙虾，便问妻子："咦！怎么回事？你在哪里捉了只小龙虾呀？"

"啊？我是在宠物店买回来的。"妻子回答道，"我去那家家居商场买东西的时候，带着孩子不方便，就把他留在宠物区了，结果他好像特别喜欢小龙虾，一直舍不得走。没办法，我就买了一只回来。"

"咦？你买东西的时候别把孩子放在宠物区啊！多给店员添麻烦……再说了，小龙虾这种东西，随便去哪儿捉一只不就行了吗？"

"什么？！那你倒是别光顾着工作，把孩子们带去捉捉小龙虾呀！我每天都忙得要命，连买个东西都抽不出时间呢！"

哎呀，我这真是哪壶不开提哪壶啊……

小·档案

体长 约12厘米
在春、夏、秋季更容易发现。

在长出河面的水生植物底部，用网具搅一搅，小龙虾就会现身啦！

在这里！

虽然日本人不怎么吃小龙虾，但它是风靡其他各国的食材呢！如果要食用的话，请确保充分清洗、去除泥沙。

很常见，可以轻松找到！

寻找方法

还是水田最合适

在河湾（池塘状的入水口）或者水流不太湍急的小溪中，小龙虾通常藏身于水下的水草中，或是被水侵蚀的植物根部下面。当稻田里灌满水时，小龙虾也会随着水流，从水渠进入到农田中。等到盛夏时节，田里的水排出后，我们就能在残留的小水坑里轻轻松松地找到小龙虾了。记得不要踏入田地里，要在田埂上观察哦！

出现时间

可惜在冬天找不到呢……

冬季，小龙虾会在湿润的陆地或水中的沉积物下冬眠，所以极难找到。早春到夏季之间是最佳的时节。可以到公园的池塘或者即使在冬天也不会干涸的水道找找看。

云雀

看起来与地面融为一体了呀！

我 儿子从今天开始上小学。他在第一天的课堂上学到了一个知识：日本相模原市的市鸟是"云雀"。儿子对云雀特别感兴趣，不停地问我："云雀是什么样的鸟？这附近有吗？"我原本觉得，既然是相模原市的市鸟，按理说应该很常见才对，但仔细一想，我确实从来没见过呢……

我自己也是在相模原长大的，从小就对云雀这种鸟有一种亲近感，但是要怎样才能找到它呢？

在这里！

注意仔细看，在地上就可以找到！

出现时间

云雀喜欢在地上走哦！

云雀平时经常在地面上行走，因为外表比较朴素低调，所以不容易被发现。但在春季繁殖期，它们会一边在空中飞翔一边啼鸣，所以四月到五月是最佳的观察时间。

小·档案

体长 约17厘米
5月左右更容易发现。

寻找方法

喜欢宽阔的地方

云雀喜欢河滩、未耕作的田地等宽阔的地方，所以我推荐在河滩上一边读书一边静静等待。当云雀飞过上空时，会发出"嘀咕咕嘀咕咕"的啼鸣，叫声很是喧闹，所以很容易注意到。虽然在空中飞翔的云雀很醒目，更容易找到，但我们很可能只看到一个黑色的身影，所以如果你想清楚地观察它们的体色等特征，可以抓住它们降落到地面的时机悄悄靠近着陆点，同时要注意聆听它们的叫声。只要顺着叫声传来的方向仔细观察，应该就能看到它们呆头呆脑站在原地的样子啦！

在这里！

嘀咕咕
嘀咕咕嘀咕咕

天上的云雀也被我拍到啦！

翠鸟

果然如"翡翠"一样美丽

常见地点

"哔——"的鸣叫声

判断翠鸟是否存在的依据，就是听河川、农田、水渠等地有没有"哔——"的鸣叫声。如果你在公园的池塘边，看到有树枝不自然地扎进池里，那么这附近一定有翠鸟！

在这里！

出现时间

全 年

在我们周围的水边，例如河流或公园的池塘、水田、水渠等地，全年都可能看到翠鸟。

翠鸟会停在树木或石头上，寻找能够捕食的小鱼！

小·档案

体长 约17厘米
基本上一年四季都能够发现。

在附近的河流中找到了！

大约20年前，人们对翠鸟的印象还是生活在溪流中，但到了如今，分布在城市地区的翠鸟反而要更多一些。如果说以前人们把它比作翡翠一般珍贵的宝石，那么现在，它大概已经成为人们身边司空见惯的宝石了吧？

有个新员工分配到了我的部门。他给人的感觉有点轻浮，还毫不掩饰地说："我以前特别捣蛋。"我心里想："这家伙真不招人喜欢。"偏偏我还不走运，要当他的教育主管……这一天，我们开车去拜访客户，像往常一样在水路旁边停下车。我试着摆出一副前辈的架子，告诉他："在这儿停车不会违规，累了可以稍微停下来休息一下。我经常在前面那家便利店买便当，在这里吃午饭。"他却玩着手机，冷淡地回了一句："……行。"我正想问他这是什么态度时，突然传来了"哔——"的一声尖锐的叫声。那个后辈立刻说："哦！是翠鸟，这里有翠鸟啊！""咦？你能听出翠鸟的声音？厉害呀！没错，这里经常有翠鸟光顾呢！""哇！太棒了！"……我们之间就这样活跃了起来。

我差一点就对后辈说出了刻薄的话，而后辈则是为了掩饰紧张而不善言谈。哈哈，看来是翠鸟牵起了我俩之间的缘分呀！

这种有人工痕迹的树枝专为拍摄翠鸟而设置，装有固定夹板，十分坚固！

在老爷爷中颇有人气的小鸟

公园池塘里的这种树枝，是爱好摄影的老爷爷们为了拍摄翠鸟而专门设置的，所以只要在那附近等待，就很可能会发现翠鸟。如果你耐心等下去，一定还能遇到扛着"长枪短炮"的热心老爷爷，你可以搭话问他们："这里能看到翠鸟吗？"他们会很乐意与你交流，告诉你最佳的观鸟时间等信息。

公园里有很多游客，所以这里的池塘就成了翠鸟们不会受到天敌威胁的安全觅食地。一旦它们记住了这个地方，往往下次还会再来这里。

蝌蚪虾与丰年虾

在稻田里聚集哟!

和后辈成为好朋友之后的一天,我们一起去便利店买了面包,趁午休时间坐在车里观察翠鸟。

"对了,你见过蝌蚪虾吗?"

"我从小就喜欢动物,特别想亲眼看看蝌蚪虾,但因为在这个地方长大,所以从来没见过呢!"

"是吗? 我上中学的时候父母调职,一家人在岐阜住过一段时间,蝌蚪虾在那边的稻田里可常见啦! 丰年虾也很多。"

"真的吗? 好棒啊! 我因为太喜欢蝌蚪虾,还买了养殖套装呢! 不过连孵化都没成功过,所以一次也没见过它们的模样。"

"这样啊! 那等到了夏天我们一起去岐阜找找看吧!"

"哇! 太好了!"

蝌蚪虾

在日本,蝌蚪虾有美洲、欧洲和亚洲三个品种。它们在水稻种植后出现,大约经一个月时间成熟,产卵之后便会死亡。市场上的养殖套餐所出售的蝌蚪虾主要是美洲的品种。

在田边找到了!

出现时间

与插秧有关
从水稻种植之后到水田排水之前的这段时间。

在这里!

小·档案

体长 约3厘米
在初夏更容易发现。

14

在这里！

手电筒的灯光引来了好多！

小·档案

体长 约2厘米
在初夏更容易发现。

水田灌满水之后，前一年产下的虾卵将会孵化，并在夏季之前大量繁殖。据说丰年虾大量繁殖的年份都能大丰收，这也是它名字的来历。

比预想的要大呢！

丰年虾

寻找方法

在往年繁殖过丰年虾的稻田中寻找

由于繁殖丰年虾的稻田数量有限，我们只能沿着田埂专心搜索。注意要仔细观察农田的角落。有可能每年都有丰年虾在同一块田里繁殖，所以也可以问问那些正在插秧劳作的人，但为了避免妨碍到他们的劳动，最好选在午休时间或其他合适的时间询问。

夜晚，它们会被灯光吸引过来

夜晚，如果有灯光照射到水田上，丰年虾会被吸引过来。用明亮的灯光来吸引它们聚集也是很有趣的哦！

介形虫的大小和颜色都很像水蚤……

但它们并不是水蚤！

介形虫

小·档案

体长 约1厘米
在初夏更容易发现。

介形虫的日文名称很像水蚤，但二者只是在大小等方面相似，并不属于同一类群。水蚤属于鳃足纲，而介形虫属于介形纲。介形虫长有坚硬的外壳，所以鱼类并不太喜欢食用它们。

15

雨蛙

蛙如其名，喜爱雨天

那个时候，我作为体育特长生从神奈川县的周边地区来到东京都内的高中上学，刚过去一个月的时间。虽然我的生活完全是城里人的作风，但仍然会因为寄宿生活和新朋友的关系而感到疲惫，一直打不起精神来。我突然想到："啊——好想吃妈妈做的炸鸡块呀！对了！5月4号和5号没有训练，我可以回趟家看看。"

从车站步行到家需要20分钟。尽管只有短短一个月没回家，但我绕道而行的这条田间小路，仍使我感觉到有一些怀念。

就在那时，雨蛙"呱呱呱"的叫声传入了我的耳中。放在以前，我从来不会在意这个每年都能听到的声音，但在如今的我听起来，它却像一首魔法之歌似的治愈了我的心灵。雨蛙的个头那么迷你，却能发出这么响亮的声音……好，我也不能让家里人担心，要打起精神、开开心心地回家！雨蛙的叫声对我来说仿佛是摆脱忧郁的特效药。如果以后又变得郁郁寡欢的话，就再回来听听蛙鸣吧！

这里一共多少只呢？

寻找方法

最佳时机是稻田里有水的时候

最简单的方法，就是依靠雨蛙繁殖期的叫声来找到它们。稻田里有水的时候，雨蛙会为了产卵而来到田里，所以我们可以通过它们的叫声缩小搜寻的范围。白天，雨蛙会藏在隐蔽处鸣叫，但到了晚上，它们会大胆地现身于田埂等地方鸣叫，更容易被发现。在繁殖期以外的时期，雨蛙往往会稍微远离稻田等水边，躲在周围的草丛中。建议大家不要盯着脚下找，最好把视线放在膝盖附近的高度。

小·档案

体长 约4厘米
从春季到晚秋期间更容易发现。

很多人以为雨蛙会在快下雨时鸣叫，也有人说它们在下雨前会去高处，其实并不完全是这样的。不过，它们似乎确实很喜欢雨天。

在这里！

在7月大量出现

7月前后正是蝌蚪长成雨蛙的时期，你还可以在叶子上看到大量的小雨蛙。

在叶子上找到了好多！

这里也有哦！

常见地点

叶子就是它们的小床

白天，雨蛙经常蜷缩在树叶上睡觉。

在这里！

抓着护岸呱呱叫呢！

在这里！

从草丛中冒出头来，向这边看呢！

草蜥与蓝尾石龙子

草蜥并不是普通的蜥蜴

我 在城市长大的朋友曾经对我说："听说你家院子里有蜥蜴，好厉害啊！那里也有草蜥吗？虽然我不知道它们有什么不同，但感觉就像个原始丛林一样，真酷啊！"升入东京市中心的高中后，其他同学听说我家"院子里有蜥蜴"的时候，都表现得非常吃惊。我对此也十分诧异——从我小时候记事起，蜥蜴一直是院子里很常见的动物，没想到对城里的孩子来说却是这么地稀奇。后来有一天，我们社团去山中湖开展集训，前辈们调侃道："嘿，这不是你的地盘嘛！"他们看起来压根儿不清楚神奈川县和山梨县的区别。后来，大家就问我怎么才能找到蜥蜴和草蜥。咦？这个问题我也不知道该怎么回答。毕竟它们对我来说根本不需要特地去寻找嘛……

在向阳处发现了！

在这里！

早晨要好好让身体暖和起来！

蓝尾石龙子

小·档案

体长 7～9厘米
在春、夏、秋季更容易发现。

早上晒日光浴的时候

夜晚，蜥蜴会隐藏在灌木丛或石墙的缝隙中，到了清晨便会选择一旦发现情况不对就能立即逃走的地方享受日光浴，例如灌木丛和道路之间等。在太阳升起后的大约三小时内，是找到它们的绝佳时机。蜥蜴会用早晨的日光浴让身体充分地暖和起来，之后就会跑到各个地方寻找食物去了，所以白天很难缩小搜寻蜥蜴的目标范围。

蜥蜴也有偏爱的地方

在庭院这种能够每天观察到蜥蜴的地方，它们晒日光浴的地点是固定的。这样一来，寻找蜥蜴就更富有乐趣了。

除了冬季以外都可以见到

从樱花开放的时节一直到秋天，很长一段时间内都能找到它们。

立刻逃跑了。草荫是它们的避风港。

在这里！

草蜥

在这里！

家附近很常见！

在栅栏下面。追不上我吧？

草蜥的尾巴相对来说比较长，乍看之下比起普通蜥蜴科，更像蛇。所以尽管它属于蜥蜴科，但在日语里，却是用"蛇"这个词来给它命名的。

小·档案

体长 一般30厘米
在春、夏、秋季更容易发现。

等着昆虫飞来，一下卷入口中！

壁虎会在夜晚的路灯附近出现！

壁虎

螽斯（蝈蝈）

叫声是"咿，咿，咿，啾"

循着它们的叫声，可以轻松在白天找到！

在这里！

如果靠得太近，它们会扑通一下跳下去逃跑。

日本境内的螽斯以近畿地区为分界线，以东为帝蝈螽，以西为布氏蝈螽。如果不需要严格分类的话，平时统称为螽斯即可。

常见地点

大大的叶子上

与禾本科植物相比，螽斯更常停留在叶子较大的植物上，例如乌蔹莓或鸡屎藤等，所以我们应该对混在禾本科中生长的大叶植物进行重点观察。它们通常不会离地面太近，大多会在稍微高一点的地方，大致与膝盖的高度相当。一旦受到惊吓，螽斯会扑通一下跳下去，迅速逃走躲起来。逃走之后，它们会静默一段时间，所以接近螽斯时一定要非常小心。

通过摩擦翅膀发出声音。

"咿，咿，咿，啾"

伏在草上，隐藏其中

寻找方法

从夏到秋，无论日夜！

从夏天到秋天，螽斯会一直日夜不停地鸣叫。我们可以在阳光充足的河滩和草地上，循着它们的叫声进行搜寻。

小档案

体长 约3.5厘米
从初夏到秋季之间更容易发现。

夏天，我们来到了山中湖开展强化训练。这里不愧是在水边，虽然正值夏天，但窗外吹来的晚风凉爽舒适，令人心旷神怡。外面传来的"咿，咿，咿，啾"的螽斯鸣声也很美妙。和我同住的朋友似乎是第一次听到螽斯的叫声，有些害怕："那是什么在叫？感觉有点吓人耶！""那是螽斯啦！"听到我这么解释，他疑惑地说："咦？螽斯一类的昆虫不是秋天才会叫吗？现在可是盛夏啊！""不不，虽然的确有很多昆虫在秋天叫，但螽斯从夏天就正式开始了。""这样啊——你还真是喜欢琢磨这些动物啊！""我还从来没见过螽斯呢！要不我们去找找看吧？就现在！""算了吧……我对这些可没有那么大兴趣啊！"

中华剑角蝗

扇动翅膀时会发出"咔哧咔哧"的声音

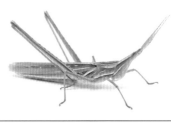

寻找方法

虽然不会叫，但是扇动翅膀的声音十分独特！

中华剑角蝗虽然不会叫，但在飞行时会发出"咔哧咔哧"的声音，所以很容易发现。如果你在草丛间听到了"咔哧咔哧"声，然后快速赶到它的落脚点，就有机会在它在下一次跳跃前稍作停顿的时候成功抓住它。

咔哧咔哧咔哧……

在这里！

比飞蝗还要大，是日本境内最大的蝗虫哦！

常见地点

禾本科的植物

夏季的白天，它们通常会出现在草丛或河滩的禾本科植物上面。

雄性飞行时会发出"咔哧咔哧"的声音，所以在日文中，它还有着"咔哧咔哧蝗"的俗名。

牢牢地抓着河滩上的草！

小档案

体长　雄性5厘米
　　　　雌性9厘米
夏、秋两季更容易发现。

夏天早上，我比前辈们提早一些来到了运动场。这时候，朋友跑了过来。

"我在那边的草丛里抓到了这家伙！我还是第一次见到这么大的蝗虫呢！它是什么品种啊？"

"你捉蝗虫很有一手嘛！看来你比我更喜欢动物呢！"

"不不不，哪里的话。这到底是什么蝗虫啊？"

"这是中华剑角蝗。"

"哦——原来是叫中华剑角蝗呀！那边还有很多呢，我们去找找吧！在集训期间多抓点，带回宿舍里养起来吧！"

"不行啦！我们没有塑料箱子，养不了啊！再不快点准备，前辈们马上就要来了。好了好了，快把蝗虫放走吧！"

东亚飞蝗

弹跳力超强，所以很难抓到

小档案

体长　5～7厘米
夏、秋两季更容易发现。

在河滩上找到了好多！

在这里！

不仅是地面上，它们还会附着在草上。

东亚飞蝗拥有强大的跳跃能力和飞行能力，非常难以捕捉，但如果我们直接在它们飞翔时大胆追上去，东亚飞蝗就会受到惊吓，匆忙降落在草丛上。这样一来，我们只要看准草地的目标区域就能轻松抓到它们了。

在 一段短暂的午餐休息时间我和朋友来到运动场。

"嘿，运动场上也有中华剑角蝗呢！"我那朋友又抓来了一只蝗虫，这一次是东亚飞蝗。"厉害呀，居然可以徒手抓住东亚飞蝗！""嗯？这不是中华剑角蝗的同伴吗？抓住东亚飞蝗有什么了不起的吗？""因为它飞得很快，而且警惕性很强，一下子就能逃走……"

"你对动物的事情可真是了解啊！我好佩服你。等回去之后我也想继续找这些动物，到时候就请你多指点啦！""哪有，我也只是略懂一二……"

在草丛的边缘找到了它！

寻找方法

通常情况下，东亚飞蝗会像这样停在地面上。

在这里！

就像障眼法一样，很难发现

夏天的白天，东亚飞蝗经常出现在宽阔的河滩等地面上。虽说数量也不少，但很难从草丛或岩石中分辨出来。东亚飞蝗拥有引以为傲的跳跃能力，也许是因为它们有信心能够逃跑，所以除非威胁离得很近，否则是不会逃的。不过多数情况下，人们还没来得及发现东亚飞蝗，它们就已经飞走了。尤其是东亚飞蝗还不会鸣叫，所以如果想找到它们，只能特意四处走动，留意它们飞走前的落脚点，然后悄悄地靠近它们。

不到危急时刻不会逃跑

或许是因为交配中的东亚飞蝗难以飞行，所以它们一般不会逃跑，即便是飞也不会飞得太远。只要能先一步发现它们，就很容易接近。

交配中的蝗虫很容易接近

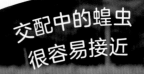

想在接近东亚飞蝗时不被察觉是很困难的，所以要学会在东亚飞蝗察觉之后逃跑之前立刻上前抓住它哦！

鬼蜻蜓

会靠近旋转的物体哦!

山中湖集训的第三天,有一只大蜻蜓误打误撞地飞到了运动场上。大家因为第一次见到大蜻蜓而兴高采烈、热闹不已,还问我"那是什么蜻蜓"。直到初中为止,我并没有特别在学校里显露过我喜欢动物,但是到了高中,似乎我在同学们眼里已经完全是个"动物爱好者"的形象了。我一回答说"这不是鬼蜻蜓吗",大家就"哦——!"地欢呼起来。即使是严肃的前辈,在面对这迷路的小动物时,不知为何也温柔了许多。虽然气氛变得轻松愉快是件好事,但总是被贴上"喜欢动物"的标签,却让我越来越心累了。我敢保证,集训一结束,他们肯定又会嚷着要去找鬼蜻蜓了。唉!真的心好累……

在这里!

在山边的稻田里找到了!

成熟的鬼蜻蜓有时会将旋转的物体如风扇等误认成异性振翅,因此会对这些东西产生兴趣并靠近它们。

在稳固的栖木上休息呢!

小·档案

体长 约10厘米
从初夏到秋天之间更容易发现。

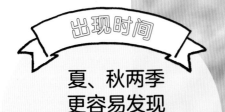

夏、秋两季
更容易发现

鬼蜻蜓在农田等乡村环境中更为常见，从夏天到秋天，我们可以经常看到它们飞行的身影。

它们会按照同一个路线飞行哦！只要在原地等待，它们就会再次经过你面前！

固定的飞行路线？

鬼蜻蜓会按照固定的路线飞行，例如水渠的上方，所以如果你在某个地方见到了它们，只要在原地等待片刻它们就会再次出现。鬼蜻蜓通常会在稳固的细竹杆等地方停靠，而不会选择摇摆不稳的植物。不过它们非常警觉，所以要想靠近它们还是很困难的。

在缓流的地方产卵。

也许可以观察到
产卵的场景！

鬼蜻蜓会选择河流、水渠等底部是沙地的地方产卵。寻找又大又威猛的幼虫也是一件很有趣的事。如果某个地方有水虿（蜻蜓幼虫的统称），那里很可能就是鬼蜻蜓产卵的地方，只要等待下去，说不定就能看到它们产卵的场景呢！

鬼蜻蜓的幼虫喜欢沙地。这种水虿体型庞大，样貌可怕。它们会向左右两边张开上下颚，来捕捉小鱼等猎物。

太酷啦！
居然有5厘米之长，我一直想找到这么巨大的水虿呢！

25

自然公园职员

清水 **是这样寻找动物的！**

邻近市区的那个广阔的森林公园，不仅可供人们遛狗、散步、赏花、读书，是个绝佳的休闲娱乐场所，同时也是各种动物栖息的乐园。

这是因为公园中树木丛生，可以帮动物们躲避人类以及阳光的照射。

只要你熟知寻找动物的方法，就会惊讶地发现，我们在公园里居然可以找到很多种动物呢！

比如，随着四季一起更迭的鸟语虫鸣、隐匿于缝隙中的蝙蝠、夜晚突然出现的鼯鼠，还有夏天的独角仙……

我们越是深入地了解动物世界，就越会发现这个世界是多么出乎意料地广阔。

我想通过准确的动物知识科普将来此游玩的人们与在公园里生活的动物们联系起来，搭建一座人与自然和谐相处的桥梁。

怀着这份愿景，我夜以继日地观察着动物们的活动。

下面，我将会介绍各种各样寻找动物的方法，让每一个人都可以像散步那样轻轻松松地、科学地找到动物！

公园里的动物

2

清水海渡 简介

　　在自然公园担任讲解员。每天还会观测洞窟、废墟、树洞等处，以重点调查神奈川县西北部的蝙蝠等哺乳类动物。另外，制作标本也是他毕生的事业。

独角仙与锹形虫

会被甜甜的味道吸引

小·档案

独角仙

体长 约5厘米
在夏季更容易发现。

雄性独角仙会在交配后不久死亡，而雌性则会在产卵后不久死亡。这意味着，如果你不是以繁育为目的而饲养独角仙的话，将雌、雄独角仙分开饲养可以稍稍延长它们的寿命。

在这里！

在树汁丰富的地方找到啦！

散发着酒香一般的甘甜气息哦！

寻找线索

"爸，给我抓只独角仙嘛……"好不容易过个休息日，儿子却任性地把我叫醒了。

"你就算求我也没用呀！这附近早就没有独角仙了吧？"

我是高级证券师。我太太很漂亮，曾经是做空乘的。我们育有一儿一女，一家人在市中心的公寓中过着幸福的生活。

"但是健太带了一只独角仙来学校，说是他爸爸在公园抓的，特别受欢迎呢！给我也抓一只嘛，我也想养独角仙！"

"你说什么？那个公园里有独角仙？！"

小时候的我可是有过"独角仙勇士"的外号呢！所以一听说那公园里有独角仙，我立刻就沉不住气了……好吧，今晚就去找找看吧！

最有可能在胡蜂和日铜罗花金龟活动的地方找到它们！

我们可以趁着天还没黑的时候先去公园看看，找到流着树汁的橡碗树和枹栎。虽然树的种类很难分辨，但是公园里的树大多挂着铭牌，找起来还是很简单的。从头到尾仔细观察每一棵橡碗树和枹栎，胡蜂和日铜罗花金龟的聚集之处就是最有可能发现独角仙的地方！确定位置之后，等到日落后的几个小时或是日出前后，再去那里试着找一找吧！

※ 有些公园等场所有可能严禁捕捉昆虫。请提前确认相关规定。

白天通常在树根部休憩

锯锹形虫白天会躲在树根处、附近倒下的树或是杂木树枝的缝隙中，所以只要知道它们大概会出现在哪些树下，就可以试着去翻一翻那些树根周围的堆积物，比如落叶堆等；也可以挖一挖它们躲进土里时留下挖掘痕迹的松软土壤。另外，还可以翻动倒在地上的树找找看。

常见地点

寻找锯锹形虫，要认准老式的路灯！

寻找锯锹形虫最有效的方法就是去路灯周围转转。近年来，LED路灯不断普及，但锯锹形虫一般不会在这种路灯下聚集，所以我们还是要找老式的荧光灯路灯。荧光灯和水银灯往往会吸引锯锹形虫或深山锹形虫前来。

小·档案

体长 3~6厘米
在夏季更容易发现。

在这里！

锯锹形虫

在交配之后、雌性锯锹形虫产卵之前的这段时间里，雄性可能会趴在雌性身上将其覆盖住，这是一种名为"配偶守护"的保护行为。

他也是《怎么捉住它们？》中的老熟人哦！

昆虫爱好者后藤倾情推荐

路灯排行榜

隧道与路灯的组合

最强

这一组合对锯锹形虫的吸引力最强！

除此之外，去周围没有灯光的自动贩卖机找找也是不错的选择哦！

可全方位照明的大型水银灯

第1名

锯锹形虫、独角仙和飞蛾等各种昆虫都会在此聚集。还经常会有壁虎出没。

老式的荧光灯

第2名

说是独角仙和锯锹形虫最爱的灯也不为过。

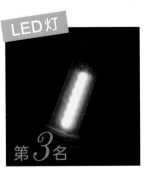

LED灯

第3名

时下最普遍的灯型。也许是因为亮度太高或发光面积太小，昆虫们好像不太喜欢这类路灯。

29

蝙蝠

不是用翅膀，而是用"大手"飞翔

我 曾梦想过在30多岁时能有一处属于自己的避风港，便以升职为契机，在郊外买了一栋小房子。虽然离公司很远，通勤时间是之前的4倍，但它只需以前房租约一半的价格就可以买下，这简直是太棒了！

傍晚时分，庭前常有很多鸟儿飞舞，这也是我非常喜欢的一幕。有一天，父亲带着啤酒来访。"偶尔在庭前下下棋、喝喝酒也不错嘛！"父亲感叹道。那天的夕阳很美，我引以为傲的鸟儿们也开始在庭前飞舞起来。"爸，这地方挺好吧？""正弘啊！你这房子位置真不赖。附近还能看到这么多蝙蝠飞来飞去呢！真是好久没见过了啊！""什么！这些居然是蝙蝠！！"来给我们送毛豆的妻子端着托盘呆愣在了原地，女儿则是说着"蝙蝠好可怕"哭了起来。我们曾经以为的小鸟竟然是蝙蝠，我大受冲击，甚至萌生了想要搬家的冲动……

但我并不会真的搬家。怎么办才好呢？对了！就带着家人一起了解蝙蝠的知识吧！向他们证明蝙蝠并不是那种让人"谈蝠色变"的可怕动物！首先，先从了解在哪里可以找到它们开始……咦？蝙蝠到底住在哪里呢？

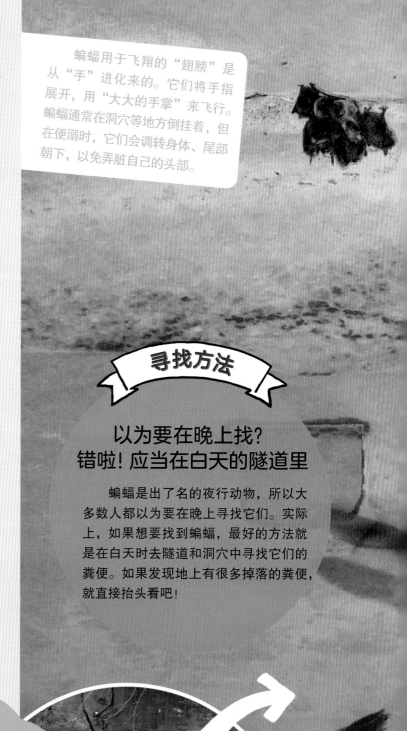

蝙蝠用于飞翔的"翅膀"是从"手"进化来的。它们将手指展开，用"大大的手掌"来飞行。蝙蝠通常在洞穴等地方倒挂着，但在便溺时，它们会调转身体、尾部朝下，以免弄脏自己的头部。

寻找方法

以为要在晚上找？错啦！应当在白天的隧道里

蝙蝠是出了名的夜行动物，所以大多数人都以为要在晚上寻找它们。实际上，如果想要找到蝙蝠，最好的方法就是在白天时去隧道和洞穴中寻找它们的粪便。如果发现地上有很多掉落的粪便，就直接抬头看吧！

也许是因为蝙蝠常在废旧的隧道、防空壕、废墟等人类不再使用的废弃场所安家吧，人们对它们好像没什么好印象，但实际上它们几乎不会伤害人类呢！

要是观察到地上有粪便，就抬头看看头顶吧！

白天会停下来休息。

大趾鼠耳蝠

在这里！

在废旧的隧道里找到它们了！

熟悉了之后，通过气味就可以判断蝙蝠是否存在。

一旦蝙蝠察觉到我们的气息，就会飞起来或稍稍移动一下。

蝙蝠虽然眼睛很小，但也是能看见的。不过由于它们在暗夜中飞行，主要是借助超声波来捕食昆虫，或避开障碍物。

小·档案

体长 约5厘米
在夏季更容易发现。

不可以直接触摸！！
（由于携带细菌等原因）

在傍晚可以利用蝙蝠探测器来寻找

傍晚时分，如果你想在蝙蝠飞行的时候辨别它们的品种，可以使用蝙蝠探测器"听取"它们的叫声（超声波）。只要蝙蝠探测器记录到叫声的波长数据，我们就可以翻阅图鉴查询到相应的蝙蝠，再根据已知的栖息地点等信息，从中筛选确认。最佳的探测时间是日落后1小时左右，这段时间里蝙蝠会离开藏身之处，出来捕食。

看一下老房子的后墙，就会发现……

可以使用蝙蝠探测器

在防空洞等地方哺育幼崽

大趾鼠耳蝠

聚集在正中间的黑色小动物就是它们的幼崽哦！

能闻到像霉菌一样的独特气味……

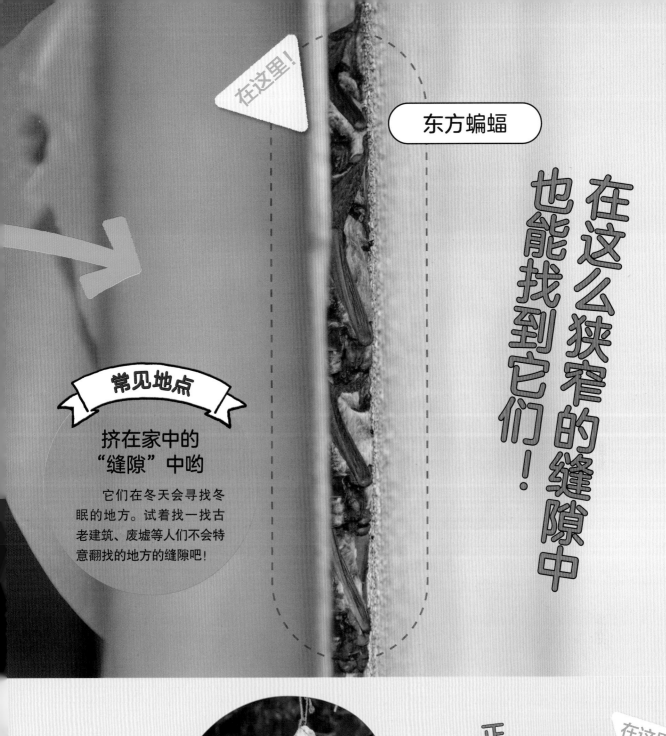

在这里！

东方蝙蝠

在这么狭窄的缝隙中也能找到它们！

常见地点

挤在家中的"缝隙"中哟

它们在冬天会寻找冬眠的地方。试着找一找古老建筑、废墟等人们不会特意翻找的地方的缝隙吧！

在这里！

正在枯叶里休息呢！

寻找线索

像不像一个粽子似的？

秋季的白天，乌苏里管鼻蝠会在枯叶中寻找睡觉的地方。不妨找找叶子很大、枯萎时会下垂的野葛之类的植物，掀开看看吧！

乌苏里管鼻蝠

鼯鼠

它们其实就生活在我们身边

寻找线索

如果公园的树上
有个空洞……

鼯鼠是夜行动物，如果不是特别去留意的话不太可能偶遇到，因此它们的知名度并不是很高。但其实鼯鼠就生活在森林公园等极为常见的地方。最容易发现的线索就是空树洞了。沿着笔直的杉树树干向上望去，可以发现在树干的高处有明显的空洞。试着观察树洞周围，寻找鼯鼠留下的粪便或食物的痕迹吧！

如果发现树上有圆形巢穴，就用手摸一摸树皮！

各种各样的痕迹

青冈的树叶

被啃咬过的树枝

圆圆的粪便

被啃咬过的山茶花蕾

34

"我说，附近的森林公园里好像要办鼯鼠观测会。要去看看吗？"妻子拿来传单问我。她比较注重都市生活，刚开始搬到郊外住时还有些抵触，但自从经历了蝙蝠风波后，她似乎对这里的生活也越来越感兴趣了，我不禁松了口气……

"咦！你刚刚是说鼯鼠吗？就是那个'会飞的坐垫'？那个飞鼠的放大版？日本居然有鼯鼠？！"一切都让我惊呼不已。"鼯鼠"这个从未出现在我生活中的动物的名字，一时间在我家客厅此起彼伏，酷似鼯鼠在空中蹦来跳去。它们居然就生活在离我家这么近的公园里，那我肯定是要去看一看啊！

在这里！

从上面偷偷看着我们呢！

奇怪的声音？

怎么好像听到了？

怎么了怎么了？

小·档案

体长 约40厘米
从秋季至早春期间更容易发现。

据说，那些由于幼时被抛弃等原因而暂时交由人类照顾的个别鼯鼠，即使在放归森林后，也有可能扑过来亲近人类。鼯鼠虽然擅长爬树，但很难沿着树爬下来。为了能在树与树之间远距离跳跃，鼯鼠的四肢和尾巴之间发育出了皮膜，用皮膜来滑翔。

鼯鼠的最长飞行距离纪录甚至超过100米！

常见地点

利用红光接近它吧！

鼯鼠会在日落后30分钟左右从巢穴中出来，我们要抓准这个时机。为了避免强光引起它们的警觉，可以借助红色滤光片等工具遮挡灯光，用红光来观察。许多公园都设置了巢箱等设施，平日定期观察鼯鼠的活动，所以在观测会上大概率能够看到它们哦！

夜晚，鼯鼠会离开巢穴，轻巧地爬上树木。

日本锦蛇

在公园里也有，小心被咬

小·档案

体长 约180厘米
从初夏到秋季之间更容易发现。

在这里！

在草丛中现身了！

保持距离，不要再靠近了！

虽然书中常描述说锦蛇性情温顺，但它们其实经常咬人，而且一旦被捉到，就会从泄殖腔喷射出一种青草味的液体（非常臭！）。

"今天我在学校看到了一条蛇！一条特别长的蛇！""哇，没想到这种市区里的学校也能看见蛇啊！""可能是因为学校后面有户人家养了很多鸡吧！""啊！蛇居然还吃禽类吗？"

我儿子很快就适应了小学生活，每天回家后，他都会兴高采烈地给我讲各种趣事儿。"对呀！那么大的蛇的话，应该是日本锦蛇之类的吧？""我们也不知道到底

是什么品种，但老师警告我们说'蛇有毒，还会咬人，很危险的'，又用棍子按住它，说道：'我要把它放走，大家都离远点。'之后就把它带到学校后面去了。过了一会儿，老师喘着粗气回来了，应该是把蛇放远了吧？所以大家都没被咬到。"这位老师该不会是把一条无辜的蛇杀掉了吧……这太过分了。我得带儿子好好了解一下蛇的知识才行。下个周日，我们就一起去找蛇吧！

好奇心旺盛的
锦蛇凑上前来

在这里！

树上也能找到！

寻找方法

越是讨厌蛇的人，反而越容易发现蛇！

如果要找蛇的话，最好的方法是带着讨厌蛇的人一起去山里走走。讨厌蛇的人只要一想到那个地方可能有蛇，就会非常害怕，虽然不愿见到蛇，但又会不由自主地认真搜索起来。他们会仔细检查路边的每一个角落，对任何轻微的动静都非常敏感。不过，要把一个讨厌蛇的人带到有蛇出没的地方确实有点困难……既然如此，还是锁定早晨晒日光浴的这个时机吧！因为蛇也和蜥蜴等动物一样，会在早上晒太阳取暖。

常见地点

农家的资材堆放处，是最佳的地点！

面向山的水田、森林公园的步道、废墟以及农家的资材堆放处等，这些能照射到早上阳光的地方，是观察锦蛇的最佳地点。

寻找线索

通过逃跑时的爬行声来寻找

蛇的戒备心极强，一旦感受到人类的气息就会立即逃走，所以我们也可以通过它们逃跑时的声响来寻找它们。在山路上行走时，如果听到急促的"沙"的一声，可能是蜥蜴；如果在"沙沙——"声之后还持续了一阵类似树叶摩擦的声音，那就很可能是蛇了。顺着声音远去的方向仔细看的话，有可能看到它们隐隐约约地冒出头来。

蝮蛇 小心！

蝮蛇通常在田地旁边的小路或山道上盘成一团隐藏着。或许是因为它们仗着自己有毒而无所畏惧，所以不会四处行动，而是习惯伏击、等待猎物。蝮蛇不到危急关头是不会逃跑的，而是会躲在原地一动不动，因此很有可能突然碰到，非常危险。

银喉长尾山雀

圆圆的可爱小鸟

"**快**看快看！我难得和同事一起吃了个午饭，他问起'听说你最近搬到郊区住了，真好啊！是不是在院子里就能看到银喉长尾山雀之类的小鸟呀'，还送了我一本这么可爱的鸟类图鉴！"

"银喉长尾山雀啊！虽然在咱们院子里没见过，但那个森林公园里倒是有呢！每天早上遛马克（我的爱犬）的时候都能看到。"

"啊！就是那些成群结队的，叫起来'吱吱哗、吱吱哗'的小鸟吗？"

"不是的，那是远东山雀哦！有一种混在其中的鸟，尾巴长长的，那才是银喉长尾山雀。"

"居然还有这种小鸟？我还从来没见过这么可爱的品种呢！"

"那你可一定要亲眼看看。真的特别可爱！下个星期天带上便当，我们一起去公园找它们吧！"

冬季群居生活的鸟类

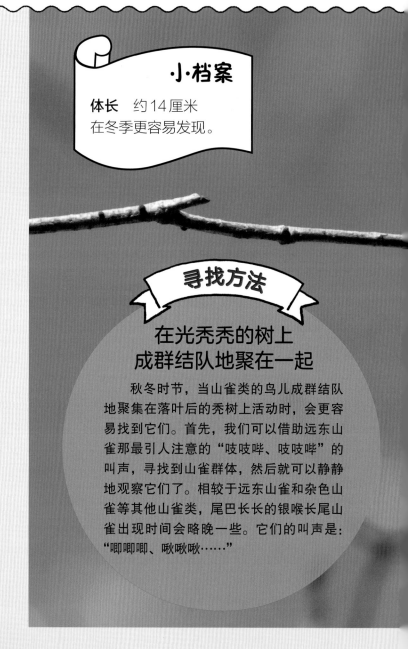

小·档案

体长 约14厘米
在冬季更容易发现。

寻找方法

**在光秃秃的树上
成群结队地聚在一起**

秋冬时节，当山雀类的鸟儿成群结队地聚集在落叶后的秃树上活动时，会更容易找到它们。首先，我们可以借助远东山雀那最引人注意的"吱吱哗、吱吱哗"的叫声，寻找到山雀群体，然后就可以静静地观察它们了。相较于远东山雀和杂色山雀等其他山雀类，尾巴长长的银喉长尾山雀出现时间会略晚一些。它们的叫声是："唧唧唧、啾啾啾……"

煤山雀

远东山雀

混在山雀群里！

在这里！

唧唧唧
啾啾啾……

圆滚滚的身体，
长长的尾巴。

银喉长尾山雀不仅外形可爱，行为也十分可爱。它们即使在繁殖期也会群居，会帮助其他亲鸟，为幼鸟喂食，像这样帮忙育儿的鸟被叫作"帮手鸟"。

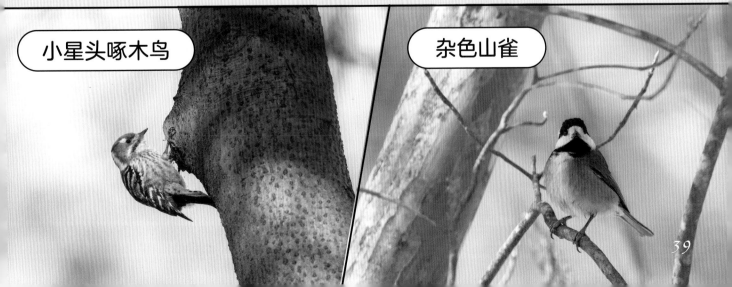

小星头啄木鸟

杂色山雀

猫头鹰

模仿它的叫声，它就会靠近你哦

女儿不知怎么的，特别喜欢绘本里的猫头鹰。"书上说它们会'咕咕'叫呢！好可爱呀！猫头鹰真的是这样叫的吗？眼睛真的有这么大吗？飞的时候真的没有声音吗？好想亲眼见到啊……"哎呀，女儿真是可爱！我也很希望能让她看看猫头鹰，不知道动物园里会不会有。不过比起带她去动物园，如果能在大自然中看到就更好了……我正思考着的时候，妻子说道："对了，我们之前去看鼯鼠的那个公园好像也有猫头鹰哦！"真的吗？森林公园里可真是什么都有啊！但话又说回来，要怎样才能找到它们呢……

只要用手机播放或模仿猫头鹰的叫声，它们就会现身！

小·档案

体长 约50厘米
在夏季更容易发现。

猫头鹰在夜间进行捕猎活动，所以为了防止惊动猎物，它们的羽毛具有消音结构，即使在猎物的头顶飞行也能做到几乎悄无声息。另外，它们在黑夜里依靠声音来寻找猎物，因此左右耳孔的位置不对称，稍有一点高低差。

普通鸟类一般有三根前趾和一根后趾，但猫头鹰为了方便抓捕猎物，它们的前后脚趾各为两根。当然，它们还有着长长的钩子状的爪子。

寻找方法

用手机播放猫头鹰的叫声，它们就会主动靠近

在这个时期，如果回应猫头鹰的叫声，它们会误以为其他猫头鹰闯入了自己的地盘，为此飞过来察看。因此只要用手机等设备播放猫头鹰的叫声，它们就有可能主动靠上前来。

※猫头鹰通过叫声来划分领地，因而在繁殖期，也就是冬季至初春期间，请不要用录音干扰它们。

咦？公园里居然也能看到！

在这里！

白天也在森林里隐蔽着！

出现时间

6月至8月是最佳观测季！

猫头鹰从傍晚开始活动，所以在日落后我们可以依靠"咕咕"的叫声来寻找它们。它们常年栖息在山地、森林中，其中6月到8月是幼鸟离巢的时间，也是最容易找到它们的季节。

普通鵟

黑鸢

各类猛禽

游隼

红隼

苍鹰

雀鹰

白天能观测到的猛禽可不只有黑鸢！实际上，在河滩、森林公园、海滨、城市中心等地方，也都生活着不同种类的猛禽。根据生存环境、体型大小和羽毛样式来辨认它们的种类也是很有趣的哦。一起来找出它们的特征吧！

鹗

灰脸鵟鹰

貉

三个探索小提示

女儿对猫头鹰绘本的热情退却后，又开始对貉绘本热衷起来，这回她又想看貉了。哎呀！真拿我可爱的女儿没办法，那就带她去看看吧！但是，貉又要去哪里找呢？我真是一点头绪都没有。

那这次就去动物园看吧……不行，在决定之前，还是先去问问森林公园的那个"像巨大毛绒玩具一样的小哥"吧！他似乎对各种动物的寻找方法都如数家珍呢！

在这里！

寻找方法

事先在白天踩点，为夜晚做好准备

由于貉是夜行动物，而且非常胆小，所以我们很难在白天找到它们，不得不在夜间进行搜索。不过，我们可以先在白天追踪它们的痕迹，从而确定好它们的活动路线。这应该是寻找它们最便捷的方法了吧！

貉非常胆小，如果在白天突然碰见，它们会吓得"嗖"地一蹦三尺高，你也会跟着吓一跳。

小·档案

体长 约60厘米

一年四季都可以找到。

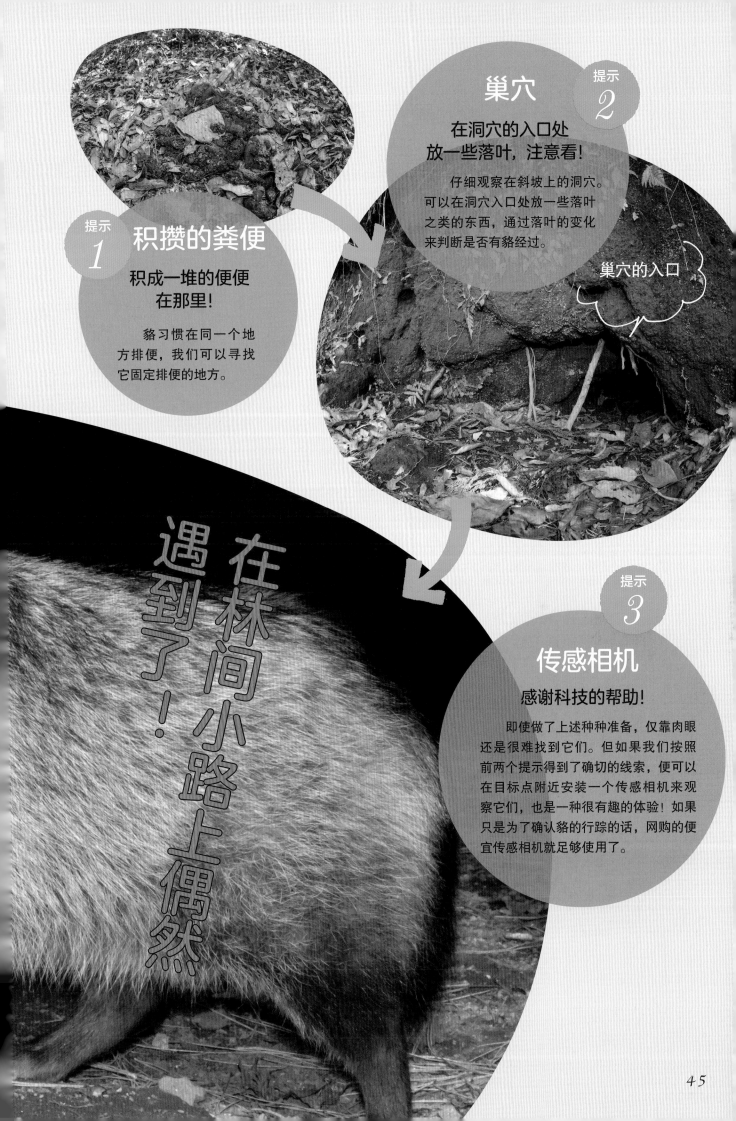

提示 **1**

积攒的粪便

**积成一堆的便便
在那里!**

貉习惯在同一个地方排便,我们可以寻找它固定排便的地方。

提示 **2**

巢穴

**在洞穴的入口处
放一些落叶,注意看!**

仔细观察在斜坡上的洞穴。可以在洞穴入口处放一些落叶之类的东西,通过落叶的变化来判断是否有貉经过。

巢穴的入口

在林间小路上偶然遇到了!

提示 **3**

传感相机

感谢科技的帮助!

即使做了上述种种准备,仅靠肉眼还是很难找到它们。但如果我们按照前两个提示得到了确切的线索,便可以在目标点附近安装一个传感相机来观察它们,也是一种很有趣的体验!如果只是为了确认貉的行踪的话,网购的便宜传感相机就足够使用了。

2015/11/30 04:56

獾

特征：獾有着长长的鼻子和扁平的身体。它们用于挖洞的前肢肌肉发达，趾甲也很长。

▼器材
传感相机

▼诱饵
鸟类的尸体

如果发现了鸟类的尸体，不妨试试这招儿！

虽然人们有可能在山路上与日本貂不期而遇，但它们的戒备心很强，特意寻找的话并不能轻易找到。不过，幸而它们数量不少，所以如果发现有掉落在公园地上的鸟类尸体，就在附近设置传感相机，这样大概率就能拍到日本貂了。

在夜晚的林间小路上还可能会遇到浣熊和獾，但仅靠人眼很难看清，所以不妨借助传感相机来进行观察。

浣熊

特征：虽然浣熊和貉有几分相似，但它的特征是面部有着像眉毛一样的白色花纹，耳朵是尖尖的，尾巴上有环纹。

2015/12/11 22:50

2016/01/15 07:24

花面狸

特征：花面狸的脸黑黑的，很是可爱，有着细长的身体和长长的尾巴。由于它们脸部中心（正中间）的鼻子是白色的，因此又有别称"白鼻心"。

2016/03/18 05:32

日本貂

特征：日本貂的毛发呈漂亮的淡黄色，身型细长。它的面部颜色随季节更迭而变化，夏季发黑，到了冬季则会发白。

猕猴

墓地和公园里有很多

小·档案

体长　约60厘米

一年四季都可以找到。

有 一天，我在森林公园里偶然碰见了猕猴。就我看过的新闻而言，它们的形象并不太好。我原以为它们是抢人食物、闯入汽车、攻击看起来比自己弱小的妇女和儿童的危险动物，但我碰到的猕猴似乎很怕人。它们聚在一起好似在互相交谈，与我保持着距离。那只看起来像是首领的公猴一直在提防着我，小猴和母猴们则是一眨眼就消失了。

猕猴们出乎意料的举动，让我看到了它们不同于电视中的真实面目。我想给孩子们也看看猕猴的这样一面，为此一直在寻找，但从那以后，我再也没能见到过它们……

寻找方法

没错，猕猴就是这么神出鬼没

虽然猕猴的数量庞大，但由于其活动范围很广，所以很难给业余的动物爱好者划定一个范围，即使想找到它们也颇有难度。不过，还是有一些线索可以利用的。

在这里！

在墓园找到猕猴了！
它猴在扫墓吗？

48

在公园里很常见哦！

在这里！

线索
2

有食物的地方

它们可不是来扫墓的

猕猴总是在四处寻找食物，因此要想见到它们，有个简单的方法就是去看看当季盛开的花朵和时令果实。例如，春天盛开的刺槐花。刺槐花香甜可口，会引来猕猴成群出现、大快朵颐。它们常常也会为了偷食祭品而在墓园出没。

线索
1

听到空枪声的地方

哪里正在驱赶它们，
意味着它们就在哪里

为了尽量减少猕猴对农作物的损害和与人的接触，在森林公园等靠近市区的地区，猕猴身上都装有信号发射器，以监测猴群的行为。一旦它们试图接近田野等地方，就会被空枪赶走。所以如果你听到了哪里传来空枪声，哪里就可能会有猕猴。

只能偶遇的动物

比如黄鼬……

在这里！

在河边的洞穴里！

想要找到黄鼬绝非易事。很多目击者都是在河边坍塌形成的洞穴附近遇到黄鼬的，例如河滩上的护岸，所以我们只能埋伏在河道一边，观察河对岸的坍塌护岸等地方。黄鼬通常会在石头上等显眼的地方留下粪便，我们可以借助这一点来定位。

49

白眉姬鹟

悦耳的鸣声，漂亮的颜色

新绿丛中，白眉姬鹟用它那悦耳的音色鸣唱着！

在这里！

我 太爱这座森林公园了，为此还把这里加入了爱犬马克的周末遛狗路线。时逢夏季，森林公园里有大片的凉爽树荫，怕热的马克也因此而非常开心。

一天，我为了避开正午的太阳，选在清晨去公园里散步。忽然发现，一只美丽的黄色小鸟正在我眼前婉转啼鸣呢！距离我第一次来这个公园散步已经过去好几个月了。虽然我在这里已见过各种各样的鸟，但这种美丽的小鸟还是第一次见。我自然也想把它展示给家人们看，但又觉得，再碰见这种小鸟的可能性恐怕是微乎其微。

那么，到底怎样才能让我的家人们也看到这么漂亮可爱的小鸟呢……

比麻雀稍小一点哦！

50

出现时间

4月末5月初
是最佳观察时间!

白眉姬鹟是夏候鸟,在4月下旬左右迁徙,它们到达迁徙目的地时多为4月末5月初,因此这时是寻找它们的最佳时机。

寻找方法

同一时间,同一地点!

最佳的方法是在清晨通过它们的叫声来寻找它们。白眉姬鹟会在枝头等显眼的地方鸣叫,所以如果你能听到它们的叫声,应该不难发现它们的身影。一旦知道了歌声从哪里传来,就躲在一边观察吧!只要人类不去过分地打扰,白眉姬鹟每天早上基本都会在同一时间、同一地点鸣叫,如此一来,看到它们的概率就很大了。

5月前后,白眉姬鹟刚刚迁徙到本州岛,这个时间的它们戒备心最弱,很容易找到。

小·档案

体长 约14厘米
在初夏更容易发现。

不同季节里可以观察到的林中候鸟

红胁蓝尾鸲 冬

北红尾鸲 冬

冬 燕雀

白腹蓝鹟 夏

冬 红腹灰雀

蟾蜍

可真大呀！还会从背部释放毒素呢！

女儿的下一个目标是寻找蟾蜍。她好像迷上了绘本中一个名叫"蛤蟆先生"的配角。我妻子在此之前非但没有展现过对动物的兴趣，甚至只要一听到"蟾蜍"这个字眼就会起鸡皮疙瘩；我儿子是个酷酷的游戏玩家，每天的生活都围着上学、补习和游戏转；而我，是个工作狂，每逢周末只想在家休息——现在我们一家都成了动物爱好者，放在以前真不敢想象。"那，我们不如到经常去的那个公园问问吧？那个'像毛绒玩具一样的小哥'一定知道蟾蜍在哪里。"

小·档案

体长 约15厘米
在4月至5月期间最容易发现。

常见地点

公园的池塘

除了繁殖期，蟾蜍在森林中的活动范围很广，找起来可能会比较困难。因此，最好在繁殖期间寻找它们。最佳的观测地点是公园中的池塘。

好不容易抵达了目的地，却抓不到雌性蟾蜍……

52

在它返回出生地
池塘的途中
找到它了!

在这里!

温暖且潮湿的晚上!

根据每年的气候不同,蟾蜍聚集产卵的日期也会略有不同,所以建议从3月左右就开始在网上或公园的告示板上收集信息,这样会更有可能找到它们。如此一来,我们就在一定程度上缩小了时间范围。之后再选择一个温暖的晚上,或者低气压即将来临、湿度较高的夜晚,前去寻找吧!

还能看到蟾蜍产卵哦!

即便是在大城市的中心区,只要公园里有小片的森林和大片的池塘,也很可能会有蟾蜍来产卵。所以,如果你家附近的公园有官方网站或博客,不妨在线上确认一下!

我会穿过马路回到我出生的那片池塘哟!注意不要碾到我呀!

众所周知,蟾蜍会从眼睛后面的耳后腺中喷出毒液,但其实不只如此,它们在被激怒后还会从背上渗出一种类似木材黏合剂的有毒物质。

绿叶树蛙

它们的吸盘一旦吸住就不会松开，真厉害！

叫起来会发出"呱呱"声……

从5月初到6月初的繁殖期，绿叶树蛙在白天也会鸣叫，所以无论白天还是夜晚都很容易发现它们。它们叫声响亮，能传到很远的地方。我们可以循着叫声静悄悄地靠近，来确定它们的大致位置。

在这里！

趁它在树丛中休息的时候找到了！

将绿叶树蛙抓在手中的时候，它的吸盘会吸在你的手上不松开。轻轻甩是甩不掉的，吸力很强！

绿色的皮肤是不是让它隐藏得很好呢？

因 为女儿想看蟾蜍，我们再次去公园拜访了"毛绒玩具小哥"。他告诉我们，蟾蜍通常生活在森林里，虽然数量庞大，但在繁殖期以外的时间里很难划定寻找的范围，所以并不是随随便便就能找到的。话锋一转，他问我们："现在是绿叶树蛙的繁殖期，你们想去看看吗？"

不知道为什么，绿叶树蛙最近越来越多。它们似乎到处产卵，例如有池塘的山区公园和民宿等地方都能看到它们的踪迹。

池塘中也有哦！

绿叶树蛙在繁殖期也会进入水中。

在这里！

在伸到池塘水面上方的树杈上产卵

寻找方法

产卵过程被泡沫遮盖住了，真想一睹为快！

一旦有人接近绿叶树蛙，它们往往会停止鸣叫，但只要我们停下动作稍等片刻，它们就又会继续了。所以，最好的方式是慢慢地拉近距离，同时寻找比视线稍高的树干。如果你还想观察产卵过程，建议选在太阳刚刚落下后的这段时间。不过，如果是繁殖旺季的话，它们在白天也可能会产卵呢！

很难确定观察的时机。

小·档案

体长 约7厘米
在5月至6月期间最容易发现。

寻找动物之旅
杂七杂八的外国动物

眼镜猴

加里曼丹岛

迷彩箭毒蛙与杰克森变色龙
寻找眼镜猴的热带雨林之旅

找到它们的秘诀是气味！

我难得来一次加里曼丹岛的热带雨林，便拜托向导带我看看眼镜猴。不料他为难地说道："猩猩什么的倒是好说，但眼镜猴可就不好办了……"我恳求说："我自己去找就好，您就告诉我方法吧！"但夜晚让我独自进入雨林里实在太危险了，向导无可奈何，只好找来了当地的头号向导与我同行。

据说，这位头号向导能在一定程度上缩小搜寻眼镜猴的范围。即便如此，深入森林寻找眼镜猴仍是异常困难：就算是经验老到的向导，也要充分调动自己的感知能力才有可能找到它们。

关键的秘诀在于气味。向导可以嗅出眼镜猴的气味，然后根据风向等因素，缩小可能的活动范围。没过多久，我们就找到了眼镜猴！这位头号向导的速度和准确度真是令人惊叹。他开心地对我说："很多媒体都来这边拍摄眼镜猴的素材，但他们只是派我抓来眼镜猴把它们放到树上。而你，是第一个和我一起找到半夜、在现场拍照的人。"

唯有这样，才称得上是一个领域的专家。

杰克森变色龙
归化与否的确认之旅

迷彩箭毒蛙

就这么轻松地找到了！

夏威夷

杰克森变色龙

在听说夏威夷的迷彩箭毒蛙和杰克森变色龙已经实现了物种归化后，我突然萌生出了想要找到它们的强烈冲动。在没有任何线索的情况下，我就这样乘飞机直奔瓦胡岛了。

我先是咨询了租车行和游客咨询中心的工作人员，但也只打听到了"也许居民区会有"这样的模糊信息。于是，我来到了火奴鲁鲁动物园……

毕竟机会难得，我想在园内进行拍摄，便向工作人员打了个招呼，询问是否可以在这里取材，他们欣然同意了我的请求。

我顺便提了一下箭毒蛙和变色龙的事情，园内的工作人员告诉我道："迷彩箭毒蛙在园长自己家的院子里就有，你去找找看吧！"按照工作人员的话，我顺利地找到了箭毒蛙。不仅如此，在返回的路上我听取他们的建议，又去另一边的林间小路逛了逛，结果还发现了杰克森变色龙！啊，进展真是太顺利了！

寻找松果石龙子和西部蓝舌蜥
的沙漠极旱之旅

松果石龙子

西部蓝舌蜥

没有水的话会危及生命！

为了寻找西部蓝舌蜥和松果石龙子，我在没有做任何前期调查工作的情况下，毫无计划地来到了澳大利亚。我先是给酒店前台和租车行的工作人员看了它们的照片，问询了一番。他们立刻就认出了这两种动物的所在地，告诉我位置大概在尖峰石阵。于是我租了一辆丰田越野车，按照地图即刻前往尖峰石阵。为了尽可能提高找到它们的概率，没有走宽阔的大路，而是改走险路，一路绕远前进。在险路的入口处，我买了一张粗略的路线图。虽然有人提醒我"这可是长途旅行，要带足了水才行"，但当时太急了，并无准备便直奔着险路开去。我一边享受着在沙地上爬坡（陡坡忽升忽降）的乐趣，一边长驱直入，但糟糕的是，很快我就迷了路，在沙漠中绕不出来了。

在茫茫大漠里困了半天之后，在快要被烤干了的时候，一辆精心改装过的小型卡车向我驶来。不能让它就这么开走了！我拼命地朝小卡车挥手，想叫住对方问路，怎料卡车司机却完全不理睬我，扬长而去。我在险路上追赶上去。虽然我对自己的驾驶技术很有信心，但我开的这辆普通越野车在沙漠里行进得异常艰难，根本追不上那辆改装过的车……就在我几近放弃的时候，几块木化石突然出现在我的眼前。

啊，可算是逃出这沙漠迷宫了！就在那个瞬间，我的车前突然出现了西部蓝舌蜥和松果石龙子！我既脱离了迷路的险境，又见到了这些蜥蜴，好吧，从结局来看还是很完美的！

虹彩吸蜜鹦鹉

在意想不到的公园中
与美丽鹦鹉的邂逅之旅

　　一天内跨越 1600 千米，长途跋涉寻找动物，舟车劳顿的压力不言而喻；在压抑的情绪之下，难免会与同伴起一些小争执。再加上蔬菜摄取不足所导致的口腔溃疡，更是让我烦躁不堪。

　　那天早上也是一样，我和同伴又因为一点小事吵了起来。我为了冷静一下冲出了房间，没想到……

　　清晨的公园真惬意啊！但因为没有什么人，又让我感到有些不安。这么想着，我抬头看了看大树，竟见到了我曾经在郊外森林里费尽心思寻找的虹彩吸蜜鹦鹉，此刻正在树上成双成对地互相梳理毛发呢！所谓人与动物的邂逅，大概就是如此吧！啊，这里甚至还有粉红凤头鹦鹉呢！

在附近的公园里很常见！

粉红凤头鹦鹉

只找到了短尾矮袋熊的
罗特内斯特岛之旅

在日本也大受欢迎呢！

真是太可爱啦！

短尾矮袋熊

　　我听说罗特内斯特岛是当地特有动物松果石龙子的栖息地，便登上了一架小型的赛斯纳飞机，即刻启程。在这小小的岛上，唯一的交通工具就是自行车。我用自行车载着沉重的摄影器材，骑车在酷热的罗特内斯特岛上飞驰。起初，最让我惊讶的是岛上的苍蝇……我汗津津的额头上居然密密麻麻地粘满了苍蝇！如果在骑车的时候张开嘴，还会有好几只苍蝇飞进嘴里。而且这个岛上也并没有松果石龙子……在这段痛苦万分的旅途中，时常出现的短尾矮袋熊给我带来了很大的慰藉。我当时觉得它们特别可爱，便给它们拍了照片。没想到，时间已经过去了十多年，竟然还有用上这些照片的机会。

寻找长颈龟的司空见惯之旅

听说澳大利亚有一个地区栖息着脖子长得不可思议的乌龟，我决定前去亲眼看看。

我在当地大致收集了一些相关信息后，将搜索范围缩小到了靠近海边的地区，但在那里既没看到河流或沼泽，也找不到淡水龟的栖息地。开车开累了，也吃腻了炸鱼、薯条和肉馅饼，无奈之下只好在附近的公园歇歇脚。就在这时，我发现公园的正中央有一个大池塘，再一瞧这池塘的边上，居然还有个乌龟的标识！"好吧！这个标识未必就代表着长颈龟，毕竟很多其他种类的乌龟脖子也很长呢！"我这么想着，绕着池塘散了散步，惊讶地发现……这里的长颈龟真的很多！

遇到了有着长长脖子的乌龟！

长颈龟

巴布亚新
几内亚

巨人树蛙

这鲜艳的绿色可真漂亮呀！

只找到了巨人树蛙
的巴布亚新几内亚之旅

难得大老远来到巴布亚新几内亚寻找动物，我却什么都没找到。

我和当地人商量说："趁这个机会，我只想看看各种动物，不管什么动物都好……不行，我还是更想看青蛙。"但对方告诉我，太阳一落山盗贼就会出没，不能出去兜风，为此严令我不能离开半步。为了防范盗贼，旅馆周围时刻都有手持长矛或大砍刀（柴刀）的警卫在巡逻。

"对了，要不试试拜托一下守卫们吧！"我这么想着，用肢体语言比画着问守卫有没有青蛙。没过几分钟，对方就找来了一只巨人树蛙。不愧是当地人，眼神果然厉害啊！

65

鸟羽水族馆
杉本 是这样寻找动物的！

在水族馆中，饲养并展示着各种各样的国内外海洋动物，其中有一些动物是可以在港口或海滨捕捉到的。

为了实时展示当季能够见到的动物，我们不仅需要重视饲养技术，同时也要有一双善于发现动物的眼睛。

水族馆还需要对展示出来的动物进行解说，此外也承担着科学知识普及的任务，所以我们有时会举办海洋动物小课堂，向游客们展示这些动物的生活环境和有趣的生态。

我比任何人都更殷切地希望能向大众介绍当地的海洋，还有其中生活着的动物；通过我的介绍，让人们了解到故乡的海里栖息着如此多的动物，了解到爱护环境的意义。

海洋动物

3

杉本干 简介

　　杉本干是鸟羽水族馆的策展人，自幼便对水中动物感兴趣，为此加入了鸟羽水族馆。近至附近海边，远至国外彼岸，他参加过许许多多关于动物的生态调查，并长期在各类科普活动中向大众介绍动物们的奇妙生态。

水母

看起来就像个塑料袋

我很喜欢水母。每次来到水族馆，我只要一逛到水母面前就久久不愿离去，为此总是惹得女朋友对我发脾气……但我真的不愿挪开目光，甚至一度希望有朝一日自己也养一只。

但是，如何才能获得一只水母呢？动物图鉴里可没有记载这样的知识……就在我望着水母出神时，平时负责喂食的饲养员拎着一只水母走了过来。我不禁鼓起勇气问他："哪里可以买到水母呢？"令我大为意外的是，他回答道："噢！这只水母啊，刚才从那边捞上来的。"

可以自己捞到？！那那那……那我要怎么才能找到它们呢！

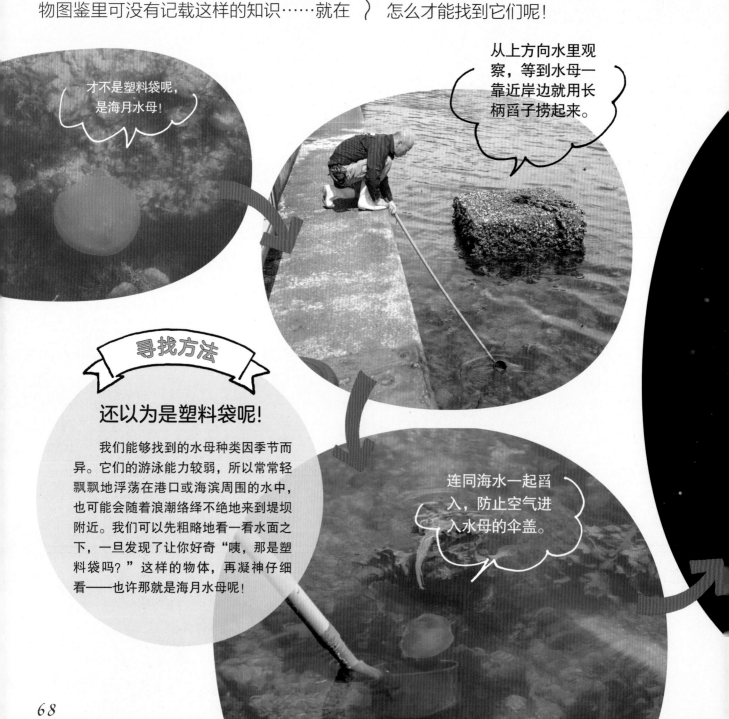

才不是塑料袋呢，是海月水母！

从上方向水里观察，等到水母一靠近岸边就用长柄舀子捞起来。

寻找方法

还以为是塑料袋呢！

我们能够找到的水母种类因季节而异。它们的游泳能力较弱，所以常常轻飘飘地浮荡在港口或海滨周围的水中，也可能会随着浪潮络绎不绝地来到堤坝附近。我们可以先粗略地看一看水面之下，一旦发现了让你好奇"咦，那是塑料袋吗？"这样的物体，再凝神仔细看——也许那就是海月水母呢！

连同海水一起舀入，防止空气进入水母的伞盖。

游泳时也能遇到水母

海水浴场也是有水母的。其中还可能有箱水母等带有剧毒的种类，因此要多加小心。被这类水母蜇到会很疼。

日本海刺水母

箱水母

在这里！

找到轻飘飘的水母啦！的水母漂浮在水中

海月水母

小·档案

伞盖宽　10～20厘米
在春、夏两季更容易发现。

成熟的水母个体常见于夏季的海滨，因此一提到水母，人们很容易联想到夏天。但实际上，它们一年四季都存在于海洋中。

海马

出乎意料地帅气

海洋动物

长长的「马」脸！

常见地点

用长长的尾巴缠绕在海草上

海马在生活中会用长长的尾巴抓住海藻或海草。它们往往藏匿在摇曳的海藻里，所以我们不妨先找到海滨附近的海藻场。退潮时从水面上就可以看到海藻，此时很容易确定海藻场的位置。海水越浅，我们找起动物来就越轻松，因此建议提前查看潮汐预报表，确认退潮时间，选在海面涨落幅度最大的大潮时分前去寻找。

在这里！

发现紧紧抓着海藻的海马了！

"听"说海马原来是一种鱼耶！我还以为它们属于两栖类动物呢！"朋友说了这样一句天马行空的话，那样子实在可爱。我忍不住假装内行、忘乎所以地向他解说了一番我从图鉴里学到的关于海马的知识。他听后追问道："哇，真有趣呢！那海马在海里是怎么生活的呢？怎样才能找到它们呢？又是怎么把它们运输到水族馆来的呢？"

这……怎么才能找到它们？这种深一层的问题我就不懂了。我得再学习学习。

用尾巴缠住海草以防被海浪冲走。

寻找方法

只能用肉眼搜索吗？

我们无法知晓海马在海藻场中的具体位置，只能展开地毯式搜索。不过，人眼的能力毕竟有限，所以推荐使用渔网在海藻的缝隙间仔细打捞。

海马的造型如此奇怪，你能猜到它们是哪种动物吗？虾？昆虫？还是蝾螈？都不对。它们是货真价实的鱼类。

小·档案

体长 约8厘米

在春、夏两季更容易发现。

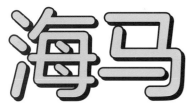

薛氏海龙与带纹须海龙

太细了，很容易漏掉

"这个特别细的小家伙听说也是一种鱼，我还以为是虾呢！""啊，不过薛氏海龙的名字里确实带有'uo'！"（注：日语中"鱼"有"uo"的读音。）朋友又发出了一连串天马行空的感叹，是那么地可爱。我忍不住再一次假装专家、忘乎所以了，向他解说了我在图鉴里读到的相关信息。他便兴奋地说："哇，你果然懂得好多啊！我想去找薛氏海龙！我们现在就去海边找吧！"

呃，这个嘛，图鉴里并没有写寻找方法……我还是再问一下饲养员吧！

有这么细呢！

在这里！

在水藻之间捞一捞就能找到了！

寻找方法

同样是在海藻场！

海龙和海马一样，会用尾巴抓住海藻，生活在海草之间。让我们按照同样的方法，赶在大潮日的退潮时间，使用渔网在海藻场里寻找它们吧！由于它们太细了，就算捞进了网里也可能会逃走，所以每捕捞一次，都要仔细地整体检查一遍网子里面。

小·档案

体长
带纹须海龙　约13厘米
薛氏海龙　约25厘米
春、夏、秋三季更容易发现。

它们与海马一样，雌性会把卵产在雄性的育儿袋（供受精卵发育的囊）里，然后由雄性产下后代！

细长的嘴巴和亮闪闪的眼睛十分可爱

71

在海草场还可以看到这些动物

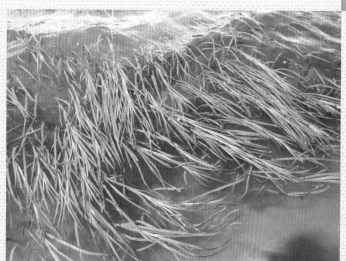

靠近海岸、阳光充足的海草场，
是各种动物的藏身之处。
只要用两柄渔网打捞海草之间的空隙，
就可能找到形形色色的动物。

屈腹七腕虾

颜色与海草相同，当它们附在海草上时几乎完全分辨不出。

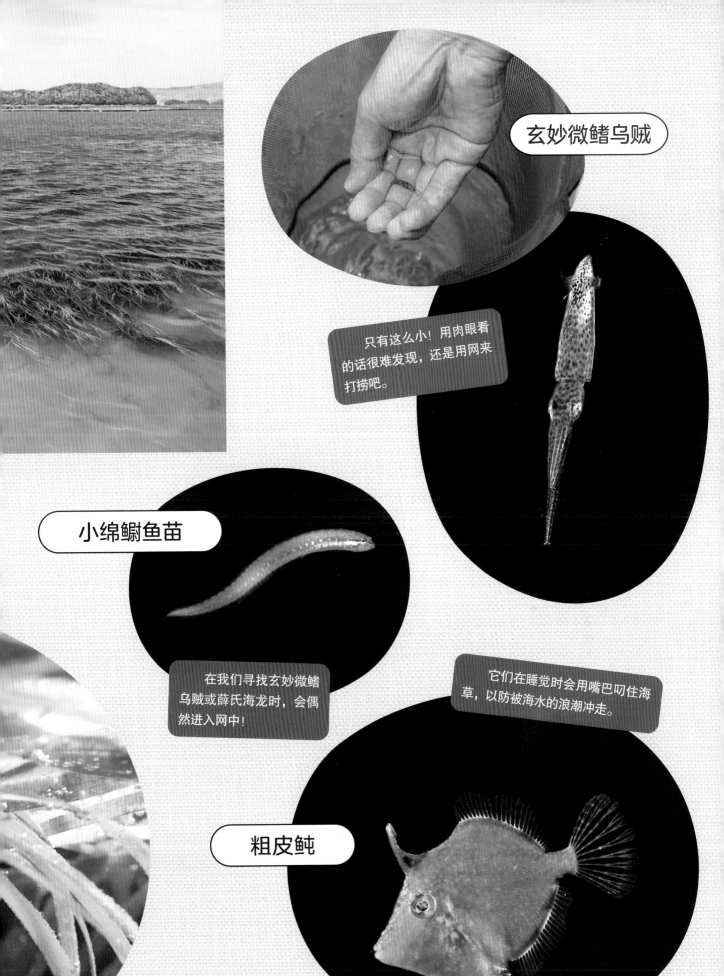

玄妙微鳍乌贼

只有这么小！用肉眼看的话很难发现，还是用网来打捞吧。

小绵鳚鱼苗

在我们寻找玄妙微鳍乌贼或薛氏海龙时，会偶然进入网中！

它们在睡觉时会用嘴巴叼住海草，以防被海水的浪潮冲走。

粗皮鲀

章鱼

特点是非常聪明

不仅在展缸里，在触摸池（游客可以在这里触摸海洋生物）里也有很多章鱼。

"总能看到超市里在卖醋拌章鱼，是不是说明附近的海里也有很多章鱼啊？"朋友一边嘟起嘴巴，做着已经过时了的、模仿章鱼的鬼脸，一边又继续说起了无厘头的话。

这样的他也还是好可爱啊！要想了解章鱼的话，问我准没错！毕竟我小时候还在海里抓到过呢！我再次忘乎所以地解说起了章鱼来！

"咦——是这样吗？那我们亲身去海边找一找吧！"

太棒了！既然如此，我还是稍微再向饲养员确认一下寻找方法吧……只是"稍微"确认一下而已。

出现时间

留下水洼的退潮时分！

章鱼在退潮后的水洼中相对常见，但在涨潮时，就连进入海中都是个难题。所以寻找章鱼不宜临时起意，还是提前调查好能够留下水洼的退潮时间，再前往海滨吧！

寻找方法

头脑聪明、善于隐蔽

章鱼非常擅长隐藏，它们会藏身于岩石的缝隙中，样子与附着海藻的岩石几乎并无二致。如果你是个新手，用肉眼寻找它们可能会有些困难。但如果你看到了不自然张开的双壳贝缓缓落下，或是发现岩石看起来有点不对劲，那就仔细检查这些地方吧！

普通章鱼和北太平洋巨型章鱼是夏季和冬季的时令食材。它们既可以煮来吃，也可以油炸，不过还是和西红柿一起炖最好吃！

寻找线索

如果看到了不自然的波纹……

如果你隐约看到了疙疙瘩瘩的吸盘，或者发现章鱼漏斗管喷出的水流在水面上荡出了不自然的波纹，就能判断出那个地方藏有章鱼。

章鱼的吸盘时常蜕皮，表皮很干净，所以能够保持吸力！

有张开的双壳贝缓缓落下?

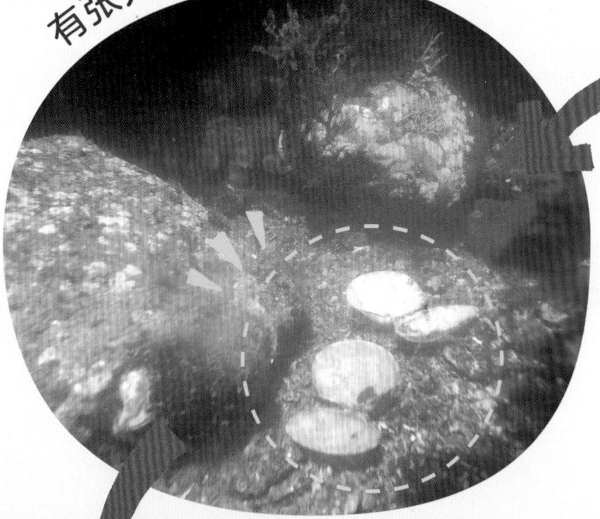

岩石的缝隙里有漏斗在动?

很多人以为位于眼睛上方、圆形的部分是头部,其实是章鱼的身体

在这里!

这里就是章鱼的所在!

小·档案

体长 约60厘米
基本上一年四季都容易找到。

75

在海边水洼里还可以寻找到这些动物

● 翻转岩石有这些动物

如果是紧紧贴着地面、很难剥离下来的岩石，即使我们用力强行把它翻开，也找不到多少动物。应当选择下方有一定的空隙、能把手伸进缝隙里的岩石！

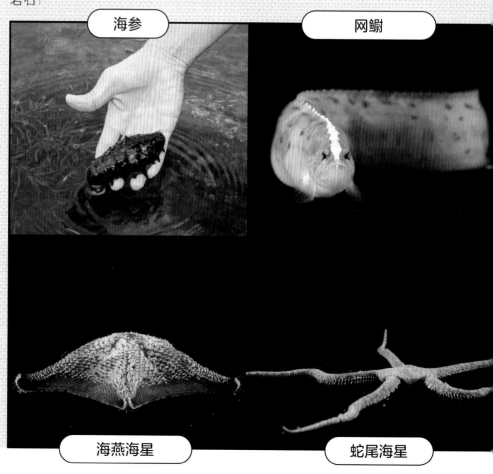

海参

网鳚

海燕海星

蛇尾海星

● 退潮时水花四溅的海边有这些动物

我们可以寻找涨潮时会被海水淹没，退潮时有少许浪花的中间地带。在离水边较近的地方，能够找到海葵；而在地势稍高、水分基本干透了的区域，则可以找到藤壶等动物。

龟足　　　　　　佑氏侧花海葵　　　　　　藤壶

肉球近方蟹　　　　　　橙海牛　　　　　　刺冠海胆

锯足软腹蟹　　　　　　尖棘筛海盘车　　　　　　马粪海胆

● 海藻丛生的地方有这些动物

这样的地方是太平长臂虾及海蛞蝓的藏身之处。在覆盖着海藻阴影的岩石之上，还经常能够见到海牛一类的动物。

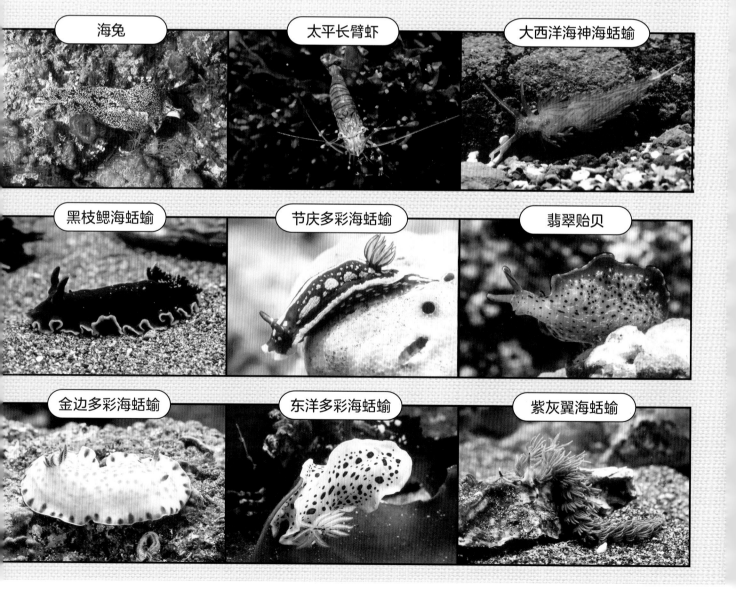

海兔

太平长臂虾

大西洋海神海蛞蝓

黑枝鳃海蛞蝓

节庆多彩海蛞蝓

翡翠贻贝

金边多彩海蛞蝓

东洋多彩海蛞蝓

紫灰翼海蛞蝓

● 退潮后的水洼里有这些动物

潮水退去后，水洼里会留下各种各样的鱼类，非常有意思！寻找方法很简单，只需要尽量一动不动地注视着水面。稍等一会儿之后鱼儿们就会移动起来，我们就能轻易找到它们了。

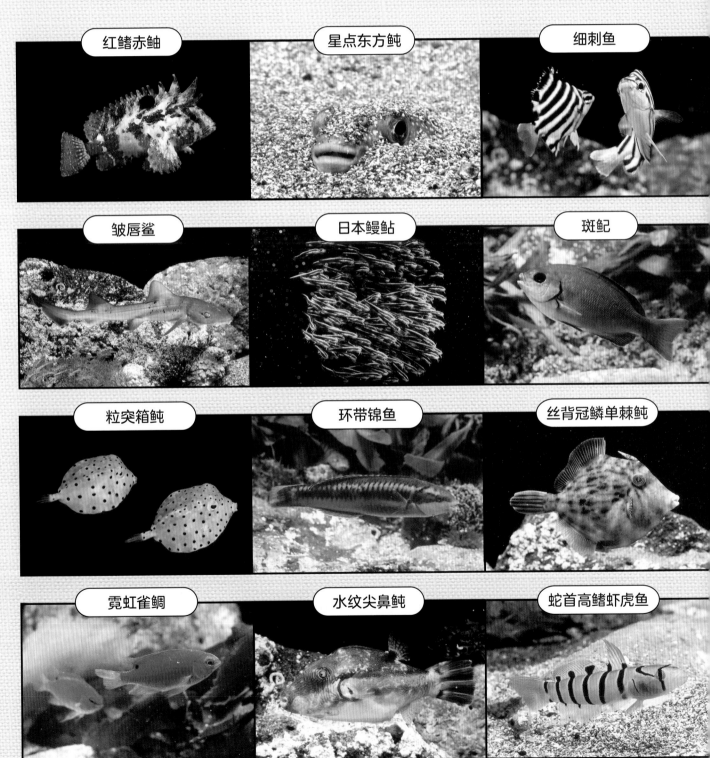

红鳍赤鮋

星点东方鲀

细刺鱼

皱唇鲨

日本鳗鲇

斑矶

粒突箱鲀

环带锦鱼

丝背冠鳞单棘鲀

霓虹雀鲷

水纹尖鼻鲀

蛇首高鳍虾虎鱼

螃蟹

它们的巢穴在靠近海边的树林里

螃 蟹的模样就像机器人一样，看起来十分酷炫。不过，我在海边只能找到大约3厘米宽的小螃蟹。像是又大又红的螃蟹，蟹螯一边小、一边特别大的螃蟹，眼睛长长的螃蟹……这些电视节目里能看到的螃蟹莫非并不存在吗？

中型中相手蟹和红螯螳臂蟹会在树林里挖洞筑巢。中型中相手蟹喜欢靠近海边的潮湿地带。和它十分相似的红螯螳臂蟹，则在远离水边的地方也能见到。

寻找方法

中型中相手蟹和红螯螳臂蟹巢穴的特点

如果你在靠近海边的树林里发现了空着的洞穴，那就是螃蟹的巢穴了。白天它们通常会隐藏起来，不妨晚上去找找看（不过在夏季大潮涨潮时，它们白天也常常从巢穴里出来哦）。

夏季是螃蟹的繁殖季节，它们会成群结队地穿过马路，所以在琉球群岛驾驶车辆时，要想避开它们可不是件容易事。

在这里！

找到了！在西表岛的潮湿林道上

中型中相手蟹

小·档案

甲壳宽　约3.5厘米
在夏季更容易发现。

要想找到招潮蟹、圆球股窗蟹
等品种，就去琉球群岛吧！

虽然在神奈川县以南的地区也有一部分招潮蟹，但如果想要轻松就能找到的话，还是去琉球群岛更加稳妥。在琉球群岛的红树林里，只要找到了退潮后露出的海滩，就能看到"嗖嗖"挥舞着蟹螯的招潮蟹了。它们的警惕性很强，一旦有人靠近就一定会逃回巢穴里，所以如果想看到它们，先快步靠近，再在肉眼能看到巢穴的距离内一屁股坐下，等待它们出来吧！

在这里！

在红树林里！

招潮蟹的蟹螯一边大，一边小。它们以威风地挥舞大螯求偶而闻名。有的招潮蟹是左边蟹螯更大，也有些个体是右边蟹螯更大，不过还是右边大的更为常见。

圆球股窗蟹这类螃蟹会吃掉沙子中的有机物，吐出来的沙子便聚成了一个个小圆球。

招潮蟹

小·档案

甲壳宽　约3厘米
在夏季更容易发现。

在这里！

在小小的洞穴里！

圆球股窗蟹的
标识就是小沙球！

要想找到圆球股窗蟹，建议以小沙球为标志物靠近目标地点，然后就像看招潮蟹时一样一屁股坐下，静静等待它们从巢穴里出来吧！琉球群岛上还有一种短指和尚蟹，也非常可爱哦！

短指和尚蟹

小·档案

甲壳宽　约1.5厘米
在夏季更容易发现。

短指和尚蟹虽然是螃蟹，但不能横着走，一般只会向前走！

现役护林员

木元 是这样寻找动物的！

巡视辖区环境、自然讲解、调查和研究珍稀物种、制定保护措施并实施……这些大自然第一线的实际作业，便是现役护林员的工作。

每一天，我都在各种各样的地方寻找着动物，近到市区，远到深山、林道、溪流、海岸。我很享受与动物的邂逅，以至于连休息日的时间也都花在了寻找动物上。

找到动物的关键在于不能错过它们的踪迹，例如叫声、脚印、粪便和吃食物时留下的痕迹等。基于这些痕迹，我们可以仔仔细细地考量一番——"原来这附近也有动物啊！""数量是多还是少呢？"这样将有助于我们更顺利地发现动物。

我就职的这家野生动物保护中心会接待形形色色的来访者，有游客，有动物摄影师，还有动物研究人员等。我们会根据调查结果，针对人与动物之间的安全事件进行安全宣传，或是和孩子们一起开展观测活动，从而让人们正确地了解大自然的奇妙之处和重要意义。

为了这个愿景，即便是在工作之余或是节假日，我也在磨炼寻找动物的本领！

琉球群岛的动物

4

木元侑菜 简介

　　木元侑菜是奄美的现役护林员。她酷爱寻找身边的动物，无论是"似乎有动物存在"的氛围，还是声响、动向、气味等，都是她判断的线索，再细微的动静也逃不过她的眼睛。

奄美石川蛙

突然从洞穴中冒出来

喜欢可以钻进深处的洞。

在这里！

在排水孔里发现它了！

我从小就很喜欢动物，第一次见到石川蛙，是在上小学时家长给我买的第一本图鉴上。

当时的我被石川蛙的美丽震撼了，心中惊叹："居然有这样的青蛙！"为了亲眼见到它们，我一直以来都梦想着能去一趟琉球群岛。

一晃10年过去了。我成了一名大学生，也拿到了驾照，正赶上春假期间，便立刻独自前往奄美大岛。

我备好了蛙类图鉴，还租了一辆车！

不过，当我在飞机上认真研读那本图鉴时，突然意识到了一件事——嗯？图鉴上并没有记载寻找方法啊！那我该怎么开始找呢……

在溪流的石缝里
呱呱叫呢！

在这里！

呱——呱——呱

在繁殖季节会发出尖锐的"呱呱"叫声。

寻找方法

购买当地的地图！

一般情况下，最好是在前往目的地之前，预先调查一下动物的大致栖息地。不过，抛开计划、随心所欲也是一种十分恣意和美妙的体验。在这种情况下，首先在当地购买一份地图，然后寻找一个有溪流的山区，再开车沿着附近的林间道路慢慢行驶吧！如果是在雨天的话，石川蛙经常会蹦到林道上，也许轻轻松松就能找到了。

寻找线索

注意倾听它们的叫声

在2月到4月的繁殖季节，只要跟随着石川蛙的叫声，我们就能相对容易地发现它们。为了不漏掉任何细微的鸣叫声，建议关掉汽车的音响，打开车窗。一旦听到了叫声，就停下车子，在四周走动走动吧！

常见地点

在林道上找一找
石川蛙喝水的地方！

在白天和晴朗的日子里，石川蛙很少出现在道路上，而是会待在溪流里。趁白天的时候，我们可以沿着林道行驶，提前寻找到可以探查的溪流或道路，注意一下有流水的地方，等到夜晚再来附近散步。如果路边护岸上有排水管的话，调查水管内部也是一个有效的方法。

"奄美石川蛙"曾经被认为与栖息于冲绳的"冲绳石川蛙"是同一物种，但在2011年被认定为独立的新物种！

小·档案

体长 约10厘米
全年都很容易找到。

黄绿原矛头蝮

危险！很有可能在夜路上遇到

琉球群岛的动物

小·档案

体长 约2米
在冬季以外的季节里更容易发现。

在这里！

在夜间的林道上找到它了！

这条原矛头蝮……要发飙了哦……（黄绿原矛头蝮在发起攻击的前一秒，身体会后缩。）

黄绿原矛头蝮

黄绿原矛头蝮身体粗壮，肌肉发达，攻击距离也很远，须格外小心！

黄绿原矛头蝮有剧毒，这种剧毒能溶解蛋白质，破坏组织。甚至还有传言说，对于奄美的这种原矛头蝮的毒素，血清疗法的效果较差……

在 奄美大岛上，还有身形庞大的黄绿原矛头蝮呢！我满脑子光想着奄美石川蛙，差点把黄绿原矛头蝮给彻底忘到脑后了。

我害怕这种动物，并不想专门去寻找它们，但如果不巧遇上的话会非常危险。与其被动地被黄绿原矛头蝮发现，我宁愿先主动发现它们，所以我特别想了解寻找它们的方法！毕竟，我想要健健康康、安安全全地开启我的"寻蛙之旅"嘛！

冲绳烙铁头

冲绳烙铁头在水渠等地也很常见。

会进入人们的家里……

我们常听说，黄绿原矛头蝮会潜伏在从山区到市区的各个地方，"进入人们的家里"云云。但也许是受到了收购原矛头蝮的影响，它们的数量越来越少了。即使我们有意寻找，也不是轻轻松松就能找到的。不过嘛，话虽这么说，有时还是会在林道上看到近2米长的原矛头蝮，所以千万不能麻痹大意啊！

寻找方法

在潮湿的日子里会出现在路上。

在漆黑的林道上缓慢行车

最有效的寻找方法是选一个湿度较高的夜晚，开车沿着山区的林间小道慢慢行驶。在刚刚日落之后、天色恰好黑下来的时候，黄绿原矛头蝮似乎很是常见。另外，在青蛙聚集的水域附近还可以找到冲绳烙铁头，数量也很多，比起黄绿原矛头蝮来说，遭遇它们的风险可能更大。无论是被二者中的哪种蛇咬伤，一旦处理不及时将会造成无法挽回的后果（甚至可能因剧毒而导致截肢）。不仅要留神黄绿原矛头蝮，也务必要小心其他毒蛇。

用蛇钩抓住它们！

我们很难避免意外遭遇毒蛇，再怎么小心也仍然很危险，因此在进入森林时，建议穿上长靴，行动时要随时注意脚步前方和手部接触到的地方。除非我们先发现它们，主动靠得太近或是穷追不舍，否则它们是不会故意追上来攻击我们的，这一点可以放心。

我们并不知道它们会做出什么举动。如果你不是熟手，即使有蛇钩也千万不要贸然进行捕捉。

奄美短耳兔

探索小提示："新鲜的粪便"和足迹

常见地点

以最慢的速度行驶

奄美短耳兔的数量似乎在逐渐增加，也许是因为成功驱除了它们的天敌——獴。它们经常会突然出现在林中道路上，为此频频发生事故，所以请不要在林道上莽撞驾驶！在森林路段，我们应该时刻保持慢速行驶，以便即使有动物突然跳出来也能及时刹车。我个人在兔子可能出没的地方开车时，一直都会把汽车的速度控制在和步行差不多。

寻找方法

新鲜的便便在哪里？

发现奄美短耳兔的有效方法，是在白天驾车行驶在林中道路上，寻找它们的粪便。一个地方的粪便越是新鲜，在这里遇到奄美短耳兔的概率就越高！相反，一个地方如果积攒了很多粪便，但这些粪便的时间比较长，则表明最近没有奄美短耳兔来过这里。

寻找新鲜的便便吧！

脚印也是重要的线索哦！

啊！

夜晚，它们会像这样出现在路上。

黑色的毛发，让它看起来和路面融为一体……

留意"小心奄美短耳兔"的标识牌

如果林道旁树立着"小心奄美兔"的标识牌，那么这里自然就是奄美短耳兔经常出没的路段了，所以把这样的标识牌作为引导也不失为一种方法。只要我们白天定位好目标路段，到了夜晚沿着这条路慢慢行驶，应该就能在路上看到奄美短耳兔了。最近，似乎有越来越多的人为了看奄美短耳兔夜晚在森林道路上行车……为了防止发生意外，希望大家看到一两只奄美短耳兔之后就离开林道，不要再找了。

费了一番功夫之后，我终于见到了奄美石川蛙。既然难得来到了奄美大岛，我还想再看一看奄美短耳兔呢！

不过奄美短耳兔是保护动物，甚至还有绘本专门描绘它们是如何抚育后代的，可见这种动物多么稀有。我估计，找起来恐怕不那么简单吧……

作为一个动物爱好者，我也不太愿意开车去栖息着那些稀有动物的山里、林道上乱闯一气……

对了！这里好像有野生动物保护中心。不妨过去一趟，详尽地打听一下吧！

在这里！

在夜晚的林道上找到它啦！

哔——
哔——

不同个体的样貌各异，比如有的脸长，有的脸圆。

身体圆滚滚的。

奄美短耳兔比较迟钝，所以逃跑往往慢一步。但冲刺速度是很快的。

会通过叫声进行交流。"哔——哔——"的叫声听起来就像口哨声。

小·档案

体长 约50厘米
全年都很容易找到。

琉球丘鹬

虽然是保护动物，但却很笨拙

奄 美短耳兔的数量之多让我惊呆了——我只不过开车在林道上随便转了转，就遇到了6只！不过，我并不会夸耀自己看见了多少只。护林员提醒我，哪怕只看到1只，最好也离开林道，不要深追。我将护林员的话铭记在心。

话说起来，在我遇到奄美短耳兔的那天晚上，林道上还有1只大鸟。它毫无逃跑的意思，当时的我离它可近了。那到底是什么鸟呢？

我查了查旅游指南，看起来像是琉球丘鹬……但指南上写着它也是保护动物啊，不应该那么容易找到吧？如果真是琉球丘鹬的话，我好想再见一次啊！不知道有没有什么寻找方法呢？

在夜晚的林道上发现它了！

十分地肥嘟嘟、圆滚滚。

听说在过去，当地人经常徒手抓它们呢！

在这里！

鸟喙非常长！

当研究者有调查需求或在获得许可的前提下对它们进行捕捉时，会一边慢慢开车，一边用小捞网抓获……

经常呆立在路边不动。

在林道的路边!

琉球丘鹬也和奄美短耳兔一样,只要在夜间沿着林道慢慢行驶,基本都能见到它们。它们常常出现在路边,因此我们需要仔细地观察周围。如果从车上下来步行靠近的话,琉球丘鹬会立即逃走。但如果是从车里观察,就可以靠得非常近了,所以我们要小心别惊吓到它们,稳步驾驶,缓慢逼近。即使琉球丘鹬一时飞离了道路,往往也会再次降落在车前的路上,因此请不要急着开着车子追赶它们。

在护栏上蓄势待发,准备捕捉路上的昆虫。

"琉球角鸮"也很多哦!

在夜晚的林道上行车时,还有另一种鸟类也常能见到,那便是琉球角鸮。

为了捕捉昆虫等猎物,它们经常突然飞到路上,不时引发交通事故,请务必小心驾驶。

小·档案

体长 约35厘米
全年都很容易找到。

琉球松鸦

"嘎嘎"的叫声真是太吵了

在这里！

在森林里，顺着叫声的方向找到它了！

嘎嘎——

正在搜集筑巢的材料呢！

寻找方法

像乌鸦一样的叫声

琉球松鸦栖息在山中，警惕性不算太高。它们虽然被列为保护动物，但最近数量已经稳定下来，森林公园里也经常能够看到它们的身影。在奄美大岛上，琉球松鸦还会在山边的民房里筑巢，可以说是相对比较常见的鸟类了。寻找它们的线索是叫声。琉球松鸦的"嘎嘎"叫声就像乌鸦一样，刺耳又难听，很容易辨认出来。只要顺着叫声的方向观察一段时间，它们就一定会出现的。

琉球松鸦也是保护动物吗？奄美大岛上的保护动物可真多呀。来岛上之前，我从未听说过这种鸟。难得来一趟，我很想亲眼看看呢。

琉球松鸦的鸟喙和尾巴（更长！）的尖端是白色的。相比之下，蓝矶鸫的体型小了一圈，也没有其他明显的特征。

小测验

你能看出区别吗？
琉球松鸦和蓝矶鸫
长得几乎一模一样！

琉球松鸦

蓝矶鸫

夜晚会在电线上睡觉！

在这里！

睡在电线和枝头上，是它们保护自己不受毒蛇伤害的一种方式。

zzz…

一听说琉球松鸦是"自然保护动物"，想必可能有人会觉得它们很罕见，但其实它们在奄美是一种很常见的鸟，会在公园或民房的屋檐下等地方筑巢。

常见地点

电线上是安全的！

在夜晚的林间道路上，琉球松鸦经常落在电线上睡觉。我们在寻找奄美短耳兔等动物的时候，可以稍微留意一下电线上面，也会有很有趣的发现哦！

小档案

体长 约38厘米
全年都很容易发现。

不过，"阿迈地鸫"这种鸟类不太常见……

如果幸运的话，也许能在夜晚的电线上或路边的树上看到它们。

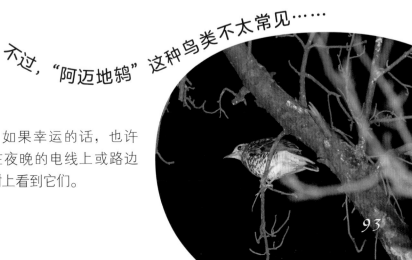

琉球攀蜥

攀蜥攀蜥，也就是攀在树上的蜥蜴

有一次——正巧也是我上小学时被奄美石川蛙的美丽所震撼的那个时候——我在一家宠物店里，看到了一种名为"琉球攀蜥"的动物。

印象中，旁边还写着"产自奄美大岛"的字样。我当时想，居然有这么酷的蜥蜴，像一条绿色的龙一样，便央求着父母买给我，可惜他们并没有同意。如今来了奄美大岛，好想找找看啊！

寻找方法

与膝盖的高度齐平

虽说是树栖动物，但琉球攀蜥似乎并不怎么待在太高的枝头上，而是经常出现在与膝盖平齐的高度。可能是因为它们在身体暖和起来之后，要去地面上捕食昆虫吧！

在与那国岛上，栖息着琉球攀蜥的与那亚种。在石垣岛和西表岛上，栖息着琉球攀蜥的先岛亚种。而在奄美大岛和冲绳岛上，则是栖息着琉球攀蜥的冲绳亚种。

盯～

善于躲藏在树后。

寻找线索

早晨，它们会攀在能晒到阳光的树上

琉球攀蜥是树栖动物，通常会攀在粗大的树干上。我们可以挑选一个阳光明媚的早晨，找一找能晒到阳光的树木。

小·档案

体长 约25厘米

在夏季更容易发现。

在这里！

爬不上去了！

在树上找到它了！

有些幼体是褐色的哦！

喜欢在摇摇摆摆的枝叶上睡觉。

常见地点

像吊床一样！

不知为什么，琉球攀蜥晚上喜欢睡在细枝上或叶子的表面，在晚风的吹拂下摇摇摆摆。此时它们仍然会待在膝盖左右的高度，所以很容易发现哦！

巨鞭蝎

会发出独特的气味

走在森林里时，我有好几次闻到一股酸味。当时的我还并不知道那是什么味道，但后来作为这趟奄美之行的纪念，我在机场买了一本关于奄美动物的书。那本书告诉了我答案——巨鞭蝎，又名"醋蝎"……

原来那股气味是巨鞭蝎发出的啊。它的真面目得有多么酷啊！真希望当时我可以亲眼看见……我为自己的无知而后悔不已。

呀！一翻开石头它就把身子蜷缩了起来！

寻找方法

还要小心冲绳烙铁头

石头下面还可能藏着冲绳烙铁头，所以把手伸进去时一定要小心……翻开石头的窍门是，不要拖动它，而是要迅速把石头抬起来，然后立刻挪到一边。在观察完动物之后，记得要把翻开的石头再放回原位哦！

常见地点

如果翻开石头的话……

巨鞭蝎可以在石头或倒伏树木的隐蔽处找到。在土壤松软、湿度适中的森林里，试着把重量合适的石头翻开来看看吧！

※比起太重、搬不动的石头，建议寻找大小称手、重量适合的石头。

在这里！

它藏在石头下面呢！

从这里喷射出酸味的液体！

用这对钳子捕食蚂蚁。

小档案

体长 约5厘米

巨鞭蝎会从尾巴喷出醋酸混合物来逼退"敌人"，味道臭不可闻。有些人接触到这种液体可能会引起炎症，所以需要小心！

海龟

还能看到著名的"海龟产卵"哦！

还 有海龟？奄美大岛竟然还有海龟？！返程的飞机上，我懊恼得忍不住在座位上翻来扭去。我真的完全没有想到，奄美大岛竟然还有海龟……啊啊！我从未为自己的无知感到如此懊悔过！……嗯？我又仔细读了读图鉴，海龟在初春时节好像不会出现。要等夏天吗？是在夏天出现对吧？！等着我吧，海龟！夏天我一定还会回来的！

小档案

甲壳长 约1米
亲龟在5月至8月更容易发现，幼龟在7月至10月更容易发现。

寻找线索

在奄美链蛇附近？

螃蟹和奄美链蛇以幼龟为食，因此对海龟孵化较为敏感。所以，如果看到海滩上有大型的奄美链蛇，也许就是幼龟出现的信号。

出现时间

准备要产卵了吗？

每逢夏天，海龟便会为了产卵来到海边。它们在晚上登陆时会非常敏感紧张，所以我们必须提前准备好红光手电筒，红色灯光对动物的影响比较小。

用红色灯光照射动物！

在这里！

赤蠵龟的幼龟出现了！

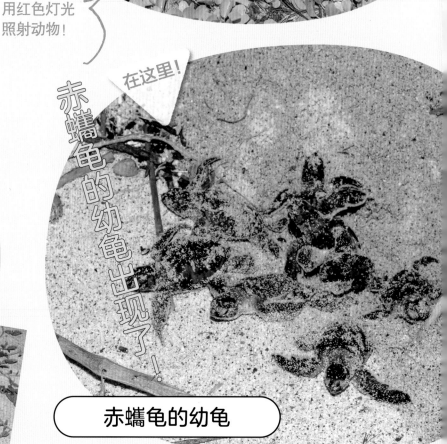

赤蠵龟的幼龟

赤蠵龟

在这里！

它在夏夜的海滩上！

寻找方法

问问当地人吧！

海龟会在日落至午夜之间的涨潮时分来到海滩上。如果不做好攻略，只是随便碰运气的话，在正确的时机遇到它们的可能性非常低。与其靠自己寻找海龟，建议大家参加当地的观测活动。研究海龟的专家会综合考察时间、潮汐、气候以及距离海龟上次登陆的天数等，最终选定符合条件的日期，才会在当日进行观测活动，因此看到海龟的机会很大。

如果看到一处稍微凹陷下去的沙子……

一边打着红色的灯光，一边沿着海滩走，一旦发现了脚印后就循着足迹寻找。

发现了赤蠵龟的足迹！

常见地点

查看凹陷的沙子

海龟产卵约2个月之后便会孵化。我们可以在8月末至9月间的日落之后，沿着海滩心无旁骛地走几个小时，如果发现产卵后的沙子上有凹陷的痕迹，那里便有可能出现幼龟。

赤蠵龟是食肉动物。绿蠵龟是食草动物。

99

其他稀有动物

另外，本章还基于作者的主观意见挑选了琉球群岛的其他一些稀有动物为你介绍它们的寻找方法。

离人类生活的地方如此之近！警惕性也很弱。

要想见到八重山蝎，我们可以在石垣岛和西表岛的森林里寻找倒下的腐木。如果你发现一段腐烂的树木，既不太湿，也不太干，既没有太破烂，也不过于坚硬，而且还残留着树皮的话，那就试着轻轻地剥开树皮看看吧！八重山蝎体型非常小，需要一丝不苟地仔细寻找，以防错过。只要发现一只，就说明这段木头符合条件，如果再深入找下去，也许就能看到很多八重山蝎藏匿其中哦！

深处很可能还藏着一些！

只要发现一只，大概率不止一只……

八重山蝎

蛇雕

"你都到我的正下方来了，我再怎么迟钝也还是会介意的嘛……"

盯——

当地的小学生都认识它们！

飞行时的英姿，真酷啊！

蛇雕在高高的电线杆顶上寻找猎物，一旦发现猎物就会立即飞走。

蛇雕分布较广，在印度、中国、马来西亚等国家都有。大家一定很想找找这种动物看吧！

首先，你需要在石垣岛或西表岛上租一辆车，环岛行驶。当你看到电线杆上停着一只大型猛禽时，第一步是先在远处停车，冷静一下激动的心情，摇下车窗。然后再放慢车速，保持匀速行驶，不要做出任何会引起动物警觉的举动，平缓地靠近电线杆。最后在近处停车，从车里向上方窥探，蛇雕很可能不会立刻逃走，而是会盯着你看。如果到了这一步它还没有逃跑的话，你可以试着下车，也许就能更加清晰地观察它了。

询问当地的小学生也是一个有效的方法。蛇雕在当地家喻户晓，深受喜爱，所以或许可以打听到一些详细的信息，比如"某某小学后面的那棵树上总能看到""某某小学前面那根电线杆上经常停着一只雌蛇雕""雄蛇雕在学校后面的树上"等。

白天也会正常活动。

八重山狐蝠

它们会在白天食用天仙果哦!

虽然奄美大岛上有很多蝙蝠,但却没有狐蝠!是不是很令人惊奇呢?所以我一抵达冲绳本岛和先岛诸岛,就忍不住去寻找狐蝠的身影。要想见到狐蝠,我们需要找到果实成熟的树木,比如天仙果树等。人们通常认为狐蝠是夜行性动物,但其实白天也能看到它们津津有味地享用果实。

待到天仙果等果实成熟后,可以把这些树作为寻找目标。

如果能看到它的整个身体,就能看出是一条蛇了!

菊里后棱蛇

只露出一个头时,很难发现!

两栖爬行动物（两栖动物和爬行动物）爱好者们心中的最爱——"睑虎亚科"，竟然在琉球群岛上也有所分布，想想就令人激动不已。琉球群岛上虽然栖息着5个品种的睑虎，但它们都属于自然保护动物，不可以饲养。不过，大家一定很想看看它们在野外生活的样子吧！首先我们要选定一个想看的种类，再前往该品种所在的岛屿。它们似乎喜欢炎热的气候，一到了天气微凉的季节，出现的概率便会有所降低，所以仲夏是最佳的寻找时节。我们可以在一个潮湿闷热的仲夏夜晚，沿着林间小道行走，寻找路边有少量草皮覆盖的地方！

久米岛的久米睑虎。
体型较大，外形美观！

久米睑虎

仲夏夜晚的林间小道

德之岛的德干弓趾虎
体型小巧，行动敏捷！

德干弓趾虎

备受爱好者欢迎的后棱蛇

　　虽然可能有些狂热，但很多蛇类爱好者都对后棱蛇十分着迷。这类蛇是珍稀动物，所以为防万一，我不会在本书中公布能够定位它们精确位置的相关信息，还请读者们海涵。不过，如果你真心想要找到后棱蛇的话，那就提前在网上调查好它们的大致栖息地，然后对照着地图前往目的地吧。寻找地点一般在溪流里，推荐穿上胶皮连脚裤。后棱蛇几乎一年四季都可以找到，不过，夏季时，它们在上午11点左右起的白天时段更为常见，而在秋冬季节，则是似乎夜晚更有可能发现。

　　我只能说到这里，剩下的就看你的运气了……

黄缘闭壳龟

栖息于石垣岛和
西表岛上

在菠萝地里！

闭壳龟实在太漂亮了！黄缘闭壳龟喜欢潮湿的陆地，因此我们可以在潮湿森林的沟渠等地方寻找它们。另外，它们也经常在甘蔗田和菠萝地这些耕地里出没，有时还会穿越宽阔的公路，所以开车时需要小心行驶。

它们是自然保护动物绝对不可以触摸哦！

栖息于石垣岛、西表岛，黑岛也有哦！

先岛草蜥

看起来与树木融为一体了！

这种帅气的蜥蜴有着鲜艳的绿色皮肤和细长的脸，模样很酷。比起树木它们更喜欢草地，经常藏身于禾本科的植物或是银合欢中。

栖息于先岛诸岛、正在穿越道路的黑眉锦蛇。

黑眉锦蛇先岛亚种身长200厘米

现役护林员　木元　身高152厘米

有时可以在树上发现！

这是一种面相温和、体型粗大的蛇。只需看上一眼，就会让人特别想要试着抓一次……在石垣岛和西表岛上，无论昼夜，黑眉锦蛇在路上都很常见。而在宫古岛上，则是经常在夜间的树上看到它们，可能是为了捕食鸟类。

黑眉锦蛇先岛亚种

在宫古岛，黑眉锦蛇常见于树上。

鳗鲡

发现它们正在水芹地里捣乱呢!

鳗鱼在游!

不知道为什么,琉球群岛的溪流里竟然会栖息着体型庞大的鳗鱼!我们不妨逆着溪流而上,去上游的小水潭探查一番。溪流里游着巨大的鳗鱼,这种不协调感还真是有趣。除了溪流以外,水芹地里有时也能见到它们的身影。

各类壁虎

在自动售货机里!

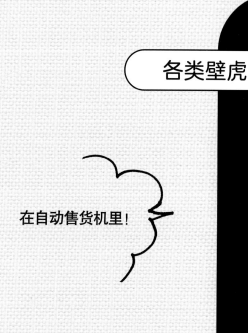

哇,到处都是壁虎!

琉球群岛上到处都是壁虎!虽然不用特意去找也能见到,但如果你想找的话,建议选在夜晚。你可以去便利店或自动货机找找看,壁虎会来捕食聚集在户外灯光下的昆虫。

像枯树枝一样
的昆虫

这是一种体型短粗、十分吸引人的竹节虫，特征是凹凸不平的身体。

瘤竹节虫

如果你想在琉球群岛上寻找瘤竹节虫，请认准海芋这种植物。

看起来像矮马，其实是普通马哦！（矮马指成年体高在106厘米以下的马）

性情温顺的野马

与那国岛特有的小型马匹。这个岛很小，只要开车绕着外围驾驶一圈，通常都能在海边的山丘等地方看到它们。

结 语

孩提时代，我常常会突然产生"我想去找动物"的冲动。那时的我总是毫不考虑后果，说动身就动身。然而长大之后，理性的大脑掌握了身体的控制权，采取行动则变得十分困难了。于是随着年龄的增长，大多数人都对自己周围的动物失去了兴趣。这是再正常不过的现象。但如果儿时那种和动物们玩耍的快乐被我们遗失在了成长道路上的某处，想来总觉得有些令人落寞。小时候的我，是多么喜欢寻找动物啊！每当发现动物的时候，我都是那么喜不自胜。我不擅长运动，又不精于学习，唯有在找到动物的那一刻，我感觉自己就像是一个大英雄……这份炽热的感情，我怎么能不好好地传给自己的下一代呢？怀着这样的心情，我提笔写下了这本书。

如果只是想观察动物的话，参加公园等机构举办的观察活动就足矣。但是，排在队列当中、一群人围观着由其他人发现的动物，我们真的能够体会到人与大自然、与动物之间的亲近并将这份亲近感维护下去吗？真的会发自内心地想要保护动物与自然吗？提前调查好资料，想好种种问题，听从自己的好奇心去接触动物……这些包含了一定风险的"实际体验"，不才是最重要的吗？

这便是我的想法。

我真心地希望，每一位有缘读到这本书的读者都能以此为契机，亲自去寻找一下各种动物，体验一下那份感动。我希望大家真的可以付诸行动，也希望你们愿意将这些方法和感悟传授给自己的孩子。最后，如果这一切能让大家跟自然和动物建立起亲切感的话，那就再好不过了。

来吧，不妨就选在这个周末，充分调动起你的感官，去寻找动物吧！

动物摄影师　**松桥利光**

呀，被发现了……